Moderation

Die besten Techniken für die Teamarbeit

Wolfgang Mentzel

W0058234

So nutzen Sie dieses Buch

Die folgenden Elemente erleichtern Ihnen die Orientierung im Buch:

Beispiele

In diesem Buch finden Sie zahlreiche Beispiele, die die geschilderten Sachverhalte veranschaulichen.

Die Merkkästen enthalten Empfehlungen und hilfreiche Tipps.

Auf den Punkt gebracht

Am Ende jedes Kapitels finden Sie eine kurze Zusammenfassung des behandelten Themas.

Inhalt

Vorwort

„Eine Konferenz ist eine Sitzung, bei der viele hineingehen, aber bei der nur wenig herauskommt."

Dieses bekannte Zitat von Werner Finck trifft auf viele in traditioneller Form durchgeführte Konferenzen oder Besprechungen zu. Wer war nicht schon frustriert über endlose Sitzungen ohne brauchbare Ergebnisse? Langatmige Diskussionsbeiträge, Wiederholungen, Selbstdarstellungen oder unklare Tagesordnungspunkte sind nur einige der immer wieder genannten Nachteile von Besprechungen.

Die üblichen Diskussionsformen zeigen oft Schwächen. Während einer redet, sind die anderen zum passiven Zuhören verurteilt, das Gedächtnis wird überfordert, der rote Faden geht verloren. Dauerredner beherrschen die Diskussion, ruhigere oder hierarchisch untergeordnete Teilnehmer kommen nicht zu Wort.

Ganz anders sieht es bei moderierten Sitzungen aus. Die Moderationsmethode ermöglicht eine Form der Gruppenarbeit, mit der zielorientiert, strukturiert und teilnehmerorientiert gearbeitet werden kann. Alle zuvor genannten Probleme können vermieden werden, wenn professionell moderiert wird. Das dazu erforderliche Wissen wird in diesem Buch in komprimierter Form dargestellt.

Im ersten Kapitel erfahren Sie, was Moderation bedeutet, wofür sie sich eignet, wo (im Vergleich zur traditionellen Besprechung) ihre Stärken liegen und welche besondere Rolle der Moderator einnimmt. Das zweite Kapitel beschreibt alle für die erfolgreiche Vorbereitung einer Moderation notwendigen Arbeitsschritte. Im dritten Kapitel wird mit den Moderationstechniken das Handwerkszeug des Moderators dargestellt, mit dem er die Teilnehmer bei der Problembearbeitung unterstützt. Das vierte Kapitel umfasst die Durchführung einer Moderation von der Eröffnung bis zur Nachbereitung. Mit der Fragetechnik und der Visualisierung werden im letzten Kapitel schließlich zwei typische Instrumente der Moderation beschrieben.

Die praktische Umsetzung wird durch zahlreiche Beispiele unterstützt. Die Verbindung zwischen den einzelnen Kapiteln ist durch Querverweise sichergestellt.

Ich wünsche Ihnen beim Moderieren viel Spaß und gute Moderationserfolge.

Wolfgang Mentzel

Moderation und Moderator

Die komplexen Aufgaben unserer Zeit erfordern heute mehr denn je, dass bei der Problemlösung und Entscheidungsfindung alle kreativen Ressourcen eingesetzt werden, die in der Organisation (z. B. im Unternehmen), in der Gruppe oder im Team zur Verfügung stehen. Eine Möglichkeit, dieses Ziel zu erreichen, ist die Moderationsmethode.

Wenn Sie mit der Moderationsmethode arbeiten möchten, dann müssen Sie wissen,

▸ was die Methode leistet,

▸ wofür sie sich eignet,

▸ wie Ihre Rolle als Moderator aussieht,

▸ welche Aufgaben Sie zu erfüllen haben und

▸ über welche Fähigkeiten Sie verfügen müssen.

Moderation als Arbeitsmethode für Gruppen

Die Moderationsmethode ermöglicht es, konkrete Probleme in kürzester Zeit gemeinsam zu bearbeiten und Lösungen zu entwickeln.

Vorteile der Moderationsmethode

▸ Die Vorgehensweise ist systematisch; die einzelnen Arbeitsschritte bauen logisch aufeinander auf und sind in sich gegliedert.

▸ Alle an der Gruppenarbeit beteiligten Personen nehmen aktiv an sämtlichen Phasen des Gruppenprozesses teil.

▸ Die Erfahrung, Kompetenz und Kreativität aller Beteiligten werden systematisch genutzt.

▸ Gleichzeitig wird ein ergebnisorientiertes Arbeiten gefördert.

Aus Betroffenen werden Beteiligte, indem sie bei der Problemlösung und Entscheidungsfindung einbezogen werden. Dadurch steigt die Motivation aller Teilnehmer deutlich an.

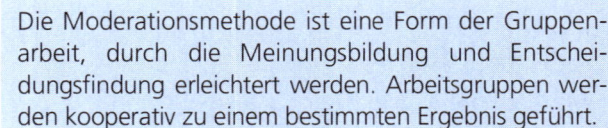

Die Moderationsmethode ist eine Form der Gruppenarbeit, durch die Meinungsbildung und Entscheidungsfindung erleichtert werden. Arbeitsgruppen werden kooperativ zu einem bestimmten Ergebnis geführt.

Die beim Einsatz der Moderationsmethode gefundenen Lösungen weisen einen hohen Qualitätsstandard auf. Weil alle Teilnehmer an der Problemlösung beteiligt werden, können sich auch alle mit den erarbeiteten Ergebnissen identifizieren. Dadurch lassen sich die Resultate leichter in die Praxis umsetzen lassen.

Die Merkmale der Moderationsmethode

Bei der Moderationsmethode handelt es sich um eine Kombination von Planungs- und Visualisierungsmethoden mit gruppendynamischen und gesprächstechnischen Elementen. Folgende Merkmale sind für die Moderationsmethode typisch:

▶ Es gibt einen Moderator, der die Gruppenarbeit organisiert und steuert. Er ist für den Arbeitsablauf (Arbeitsprozess), aber nicht für den Inhalt der Besprechung zuständig (vgl. Seite 15). Er schafft einen Rahmen, in dem die Teilnehmer ihre Ressourcen optimal nutzen können. Der Moderator kümmert sich um das organisatorische und räumliche Umfeld der Moderation, er fördert ein angenehmes Arbeitsklima und strukturiert den Prozess der Meinungsbildung und Entscheidungsfindung. Er ist ein Kommunikationsfachmann, der das methodische Instrumentarium für einen störungsfreien Ablauf des Gruppenprozesses beherrscht. Die inhaltliche Verantwortung liegt bei den Teilnehmern der Arbeitsgruppe.

▶ Die Gruppenarbeit wird durch spezielle Methoden und Spielregeln unterstützt. Für die einzelnen Phasen einer Moderation gibt es zahlreiche Moderationstechniken (vgl. S. 39 ff.), aus denen der Moderator für die verschiedenen Arbeitsschritte die jeweils geeignete auswählt. Der Umgang der Gruppenmitglieder miteinander wird durch spezielle Spielregeln erleichtert (vgl. S. 86 ff.).

▶ Das wichtigste Steuerungsinstrument des Moderators ist die Fragetechnik (vgl. S. 105 ff.).

▶ Ein weiterer wichtiger Baustein ist die konsequente Visualisierung. Alle wesentlichen Schritte einer Diskussion werden schriftlich festgehalten (vgl. S. 115 ff.). Visualisiert werden die Sammlung von Beiträgen, ihre Strukturierung, die Gewichtung alternativer Lösungen und die Präsentation von Ergebnissen.

Auf den Punkt gebracht

Hauptziel der Moderationsmethode ist es, gemeinsam und demokratisch zu guten Ergebnissen zu gelangen. Durch die eingesetzten Methoden werden alle Teilnehmer aktiviert. Der Moderator ist für den Arbeitsablauf, aber nicht für den Inhalt einer Arbeitssitzung zuständig. Moderationstechniken, Fragetechnik und Visualisierung sind die wichtigsten Instrumente der Moderation.

Dafür eignet sich die Moderationsmethode

Die Moderationsmethode kann immer dann effektiv eingesetzt werden, wenn es darum geht, das Wissen, die Erfahrung oder die Kreativität einer Gruppe zu aktivieren. Alle Teilnehmer, auch die Gesprächsungeübten oder Ängstlichen, haben Gelegenheit, sich zu äußern. Damit werden differenzierte Standpunkte deutlich und im Gegensatz zur üblichen Diskussion wird sichergestellt, dass auch wichtige Nebengedanken oder die Meinung von hierarchisch untergeordneten Teilnehmern nicht verloren gehen. Alle Beiträge und Meinungen stehen gleichwertig nebeneinander, es gibt keine wichtigen und weniger wichtigen Personen und entsprechende Beiträge.

 Die Moderationsmethode eignet sich immer dann, wenn eine Gruppe ein Ergebnis gemeinsam erarbeiten soll.

Der Einsatz der Moderationsmethode empfiehlt sich, wenn mindestens eine der folgenden Situationen vorliegt:

▶ Das Fachwissen und die Erfahrungen mehrerer Mitarbeiter sind für die Lösung eines Problems erforderlich.

▶ Eine komplexe Problemstellung liegt vor, die sich über mehrere Arbeitsbereiche erstreckt.

▶ Es kommt darauf an, möglichst viele Teilnehmer in die Diskussion einzubeziehen.

▶ Verschiedene Fachleute mit unterschiedlichen Meinungen sind an der Problemlösung beteiligt.

▶ Verschiedene Alternativen und Lösungsansätze sind erwünscht.

▶ In kurzer Zeit sollen konkrete Lösungsansätze erarbeitet werden.

▶ Wenn zu befürchten ist, dass die Diskussion unsachlich werden könnte und man deshalb einen „Steuermann" braucht, der zur Sachlichkeit zurückführt.

Konkrete Anwendungssituationen können die verschiedenen Formen der Gruppenarbeit sein, wie z. B. Teambesprechungen, Projektgruppen, Workshops, Qualitätszirkel, Strategiesitzungen, Fachgespräche oder Krisensitzungen.

Die folgenden betrieblichen und außerbetrieblichen Themenbeispiele zeigen die vielfältigen Einsatzmöglichkeiten der Moderationsmethode.

Themen im betrieblichen Bereich

▸ *Ursachen für ein Problem suchen (z. B. „Was verursacht die hohe Ausschussquote?")*

▸ *Lösungen für ein Problem suchen (z. B. „Was können wir gegen unsere hohe Ausschussquote tun?")*

▸ *Entscheidung über alternative Problemlösungen (z. B. „Welche alternativen Möglichkeiten gibt es und welche eignet sich für unser Problem?")*

▸ *Umsetzen von Entscheidungen (z. B. „Einführung eines neuen Verfahrens zur Mitarbeiterbeurteilung")*

▸ *Erfahrungsaustausch (z. B. „Erfahrungsaustausch über das neue Mitarbeiterbeurteilungsverfahren nach der ersten Beurteilungsrunde")*

▸ *Diskussion eines Vortrags (z. B. „Welche Erkenntnisse aus dem Vortrag können wir in unserer Abteilung umsetzen?")*

▸ *Planung einer Veranstaltung (z. B. Vorbereitung eines Tags der offenen Tür)*

▸ *Unternehmensinterne Abläufe (z. B. Konzept für die Einführung neuer Mitarbeiter im Unternehmen*

Wenn auch die meisten Beispiele in diesem Buch aus dem betrieblichen Bereich stammen, so heißt das nicht, dass die Moderationsmethode nur für betriebliche Probleme geeignet ist. Sie eignet sich gleichermaßen für eine effiziente Gruppenarbeit im außerbetrieblichen Bereich:

Themen im außerbetrieblichen Bereich

▸ *Vereinsarbeit (Wohin beim Vereinsausflug?; Vorbereitung einer Weihnachtsfeier/eines Sommerfestes/eines Jahresausflugs; Vorstandssitzung)*

▸ *Bürgerinitiativen (Was kann gegen die hohe Verkehrsdichte in unserem Wohngebiet getan werden?)*

▸ *Gremienarbeit in Kirchen oder Parteien*

▸ *Erfahrungsaustausch unter Fachleuten (z. B. Ärzte, Therapeuten)*

▸ *Jugendarbeit*

Moderation in der Bildungsarbeit

Vermehrt wird die Moderationsmethode auch im Bildungsbereich eingesetzt. Im Vergleich zum leider noch viel zu häufig anzutreffenden Frontalunterricht (nur Vortrag) bietet die Moderationsmethode bei Seminaren oder anderen Lehrveranstaltungen die Möglichkeit, die Anwesenden aktiv am Lerngeschehen zu beteiligen. Die Motivation steigt, wenn an das schon vorhandene Wissen und die Erfahrungen der Teilnehmer angeknüpft werden kann.

> Die Moderationsmethode eignet sich in Seminaren und bei Schulungen immer dann, wenn nicht nur vorgetragen, sondern das Wissen und die Erfahrungen der Beteiligten zusammengetragen werden soll.

Durch die aktive Beteiligung wird die Konzentration der Teilnehmer gefördert und das Lernklima verbessert. Die Bereitschaft nimmt zu, die erarbeiteten Fähigkeiten und Fertigkeiten am eigenen Arbeitsplatz praktisch umzusetzen.

Dafür ist die Moderationsmethode nicht geeignet

Die Moderationsmethode ist nicht geeignet,

▸ um der Gruppe bereits feststehende Entscheidungen „schmackhaft" zu machen und absegnen zu lassen,

▸ wenn es um Themen geht, bei denen die Gruppe nichts zu erarbeiten und/oder zu entscheiden hat,

▸ wenn ranghöhere Teilnehmer einen Sonderstatus beanspruchen,

▸ wenn ein Problem durch Rechenvorgänge oder Konstruktionen lösbar ist,

▸ wenn reine Wissensvermittlung erfolgen soll.

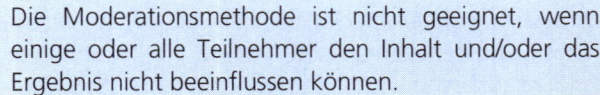

Die Moderationsmethode ist nicht geeignet, wenn einige oder alle Teilnehmer den Inhalt und/oder das Ergebnis nicht beeinflussen können.

Auf die Moderationsmethode sollte auch verzichtet werden, wenn zwischen den Teilnehmern Spannungen bestehen, die ein gemeinsames Arbeiten am selben Projekt verhindern. Ebenso, wenn nicht genügend Zeit zur Verfügung steht oder die erforderlichen Räume und Materialien nicht bereitgestellt werden.

Auf den Punkt gebracht

Die Moderationsmethode eignet sich bei komplexen Problemstellungen, wenn das Wissen und die Erfahrung möglichst vieler Teilnehmer gefragt sind. Anwendungsfelder sind alle Formen der Gruppenarbeit, unabhängig von der jeweiligen Dauer. Sie wird in zunehmendem Maße auch im Bildungsbereich eingesetzt.

Die Moderationsmethode ist ungeeignet, wenn sie als „Alibiveranstaltung" genutzt wird, um bereits feststehende Ergebnisse abzusegnen.

Die Rolle des Moderators

Bei einer Moderation besteht eine eindeutige Aufgabenteilung zwischen den Teilnehmern und dem Moderator:

▸ Für die Inhalte sind die Teilnehmer verantwortlich.

▸ Für die Struktur, den Ablauf und die eingesetzten Methoden ist der Moderator zuständig.

Damit ist die Rolle eines Moderators eine deutlich andere als die eines klassischen Leiters einer Besprechung. Der Moderator ist ein methodischer Helfer bei der Prozesssteuerung. Er wird auch als „Methodenspezialist" bezeichnet.

Der Moderator steuert das Verfahren, unterstützt und erleichtert die Kommunikation in der Gruppe, ohne auf die Inhalte und Entscheidungen Einfluss zu nehmen.

Die Rolle des Moderators wird oft mit einer Hebamme verglichen, die das Kind nicht zur Welt bringt, aber die Geburt unterstützt. Für die Inhalte und Ergebnisse einer Arbeitssitzung sind ausschließlich die Teilnehmer verantwortlich. Kenntnisse über den Inhalt der Diskussion sind für den Moderator nur insoweit erforderlich, als dass er ein eindeutiges Ziel formulieren oder die Gruppe bei der Zielformulierung unterstützen kann. Außerdem muss er fähig sein, eine dem Thema angemessene Gliederung zu entwerfen. Die Moderatorenrolle kann grundsätzlich jeder Teilnehmer übernehmen, wenn er das erforderliche Methodenwissen besitzt.

> Der Moderator ist kein allwissender Gruppenleiter, der die Gruppe zum vorgegebenen Ziel führt, sondern eher ein Helfer, der die Gruppe dabei unterstützt, ihre eigenen Erkenntnisse zu entwickeln.

Moderation ist eine Frage der Haltung

Moderation als Steuerungsinstrument für die Arbeit mit Teams und Gruppen ist mehr als nur methodisches Vorgehen. Moderieren (vom lateinischen *moderari* = mäßigen, steuern, lenken) verlangt über die eingesetzten Methoden und Techniken hinaus vom Moderator auch eine ganz bestimmte Haltung (Sozialkompetenz), die mit einem hohen Maß an Selbstkontrolle verbunden ist.

Moderieren in diesem Sinne heißt, den Meinungsbildungsprozess der Arbeitsgruppe zu gestalten und zu fördern, ohne inhaltlich einzugreifen. Daraus resultieren einige Regeln für das Verhalten des Moderators:

▸ Der Moderator nimmt eine fragende, keine behauptende Haltung ein. Fragen bringen Prozesse in Gang und fördern die Kommunikation. Bedürfnisse, Meinungen und Ziele werden sichtbar und können besprochen werden.

▸ Der Moderator stellt seine eigenen Meinungen, Ziele und Werte zurück.

▸ Der Moderator kämpft nicht gegen die Gruppe an, sondern geht mit ihr. Er liefert nur methodische Hilfen, die inhaltliche Richtung bestimmt die Gruppe.

▸ Der Moderator darf Teilnehmerbeiträge weder positiv noch negativ kommentieren oder bewerten. Er nimmt jede Antwort an, wie sie geäußert wird. Keine Antwort ist aus Sicht des Moderators richtig oder falsch, schlecht oder gut.

▸ Der Moderator steht zu den eigenen Stärken und Schwächen. Er darf sich bei Kritik nicht rechtfertigen, sondern greift den angesprochenen Sachverhalt auf und versucht, ihn zu klären.

▸ Der Moderator lässt keine Diskussion über die Methode zu. Gruppen nutzen Methodendiskussionen häufig als Ausweichmanöver, statt sich mit dem Sachproblem zu beschäftigen. Die Methode wird am Beginn der Sitzung vorgestellt und muss von allen Teilnehmern akzeptiert werden.

▸ Der Moderator verhält sich inhaltlich neutral. Er darf weder Partei ergreifen noch einzelne Beiträge bewerten, auch wenn er persönlich anderer Meinung ist.

▸ Der Moderator darf sich nicht inhaltlich einmischen. Er
  darf nicht versuchen, ein bestimmtes, womöglich von
  anderen gewünschtes Ergebnis zu erzielen. Er kann
  höchstens Fragen stellen, wenn er das Gefühl hat, dass
  wichtige Aspekte nicht beachtet werden oder die Gruppe sich „verrennt".

▸ Der Moderator muss situativ flexibel reagieren. Moderation ist kein starres System von Methoden und Techniken; sie wird nur erfolgreich sein, wenn sie gruppenspezifisch und situationsbezogen eingesetzt wird.

Wichtige persönliche Eigenschaften eines Moderators sind
menschliche Wärme und Toleranz. Er sollte unbedingt eine
positive Grundeinstellung gegenüber seinen Mitmenschen
haben. Seine Haltung ist dabei für die Einstellung der Beteiligten bedeutsam. Was er mit seiner Körperhaltung,
Sprachmelodie und Mimik vermittelt, überträgt sich auf die
Teilnehmer.

Auf den Punkt gebracht

Ein Moderator ist ein methodischer Helfer, der seine eigenen Meinungen, Ziele und Wertungen zurückstellen
kann. Er fungiert nicht als Leiter, der das Sagen hat,
sondern steuert die Prozesse und achtet auf die Einhaltung der Regeln. Der Moderator ist inhaltlich unbeteiligt
und damit unparteiisch. Deshalb darf das Thema ihn
selbst nicht zu stark betreffen. Für den Inhalt der Sitzung sind ausschließlich die Teilnehmer verantwortlich.

Aufgaben des Moderators

Der Moderator unterstützt die Gruppe durch die Wahl geeigneter Methoden zur Bearbeitung der inhaltlichen Probleme. Er sorgt durch den Einsatz verschiedener Techniken dafür, dass die Sitzung ergebnisorientiert geführt wird. Die Legitimation für sein Handeln erhält er von der Gruppe. Daraus ergeben sich folgende Aufgaben:

Aufgaben bei der Vorbereitung einer Moderation

▸ Klärung des Moderationsauftrags und der sich daraus ergebenden Ziele (vgl. S. 23 ff.)

▸ Planung des Ablaufs

▸ Klärung der organisatorischen Rahmenbedingungen wie Termin, Ort, Räume, Raumausstattung und benötigte Hilfsmittel (vgl. S. 34 ff.).

▸ Einladung aller Teilnehmer mit einer aussagekräftigen Tagesordnung (vgl. S. 37)

Aufgaben bei der Durchführung einer Moderation

▸ Eröffnen der Veranstaltung und Einführung in die Problematik

▸ Teilnehmer vorstellen bzw. für deren Vorstellung sorgen

▸ Informieren über Themen und Ziele der Sitzung

▸ Vereinbarung von Spielregeln und Sorge für deren Einhaltung (vgl. S. 86 ff.)

▸ Einführung in das Thema

▸ Steuern der Sitzung gemäß der vorbereiteten und mit den Teilnehmern abgestimmten Gliederung

▸ Fördern einer ausgewogenen Kommunikation innerhalb der Gruppe, an der sich alle beteiligen

▸ Einsatz des methodischen Instrumentariums (Moderationstechniken)

▸ Entscheidungen herbeiführen in Abstimmung mit den Teilnehmern

▸ regelmäßige Wiederholung und Zusammenfassung der erreichten Arbeitsergebnisse

▸ Sichern der Ergebnisse durch einen Maßnahmenplan oder ein Protokoll

▸ Beenden der Sitzung; Verabschiedung

▸ Demonstration des gewünschten Verhaltens im Modell

Der inhaltlich beteiligte Moderator

Eine erfolgreiche Moderation verlangt nach einer sauberen Rollenteilung zwischen der Gruppe und dem Moderator. Der Moderator ist der Kommunikationsspezialist, er beherrscht das Handwerkszeug der Moderation und trägt die Verantwortung für den Arbeitsprozess. Für den Inhalt des Arbeitsprozesses ist dagegen ausschließlich die Gruppe verantwortlich.

Die Rollenteilung ist gefährdet, wenn der Moderator zugleich auch am fachlichen Inhalt der Besprechung beteiligt ist. Dieser Fall tritt immer dann ein, wenn ein Fachspezialist oder der Vorgesetzte die Moderatorenrolle übernimmt.

> Wenn Sie als Vorgesetzter eine Moderation überneh-
> men, an deren Ergebnisse Sie ein eigenes Interesse
> haben, dann müssen Sie Ihre Rolle des Moderators
> klar von der Rolle der Teilnehmer trennen.

Beschränken Sie sich auch in solchen Fällen ausschließlich
auf die methodischen Aspekte:

▸ Geben Sie Fragen zur Sache, die an Sie gestellt werden,
  sofort wieder an die Gruppe zurück.

▸ Wenn Sie sich als Moderator ausnahmsweise einmal
  zum Sachthema äußern müssen, dann sollte das für alle
  Teilnehmer deutlich erkennbar sein. Entweder Sie weisen verbal darauf hin, dass Sie die neutrale Moderatorenrolle für diese Aussage verlassen und eine inhaltliche
  Stellungnahme abgeben, oder Sie verdeutlichen den
  kurzfristigen Rollenwechsel optisch und wechseln für die
  Dauer des Beitrags Ihren Standort. Einen Standortwech-
  sel erreichen Sie, wenn Sie in Ihrer Rolle als Moderator
  dauernd stehen und sich während Ihrer inhaltlichen Äu-
  ßerung vorübergehend zu den Teilnehmern setzen.

Zu zweit moderieren

Die Anzahl der Teilnehmer bei einer Moderation darf nicht
zu groß sein.

> Eine Faustregel besagt, dass bei Gruppen bis zu zehn
> Personen mit einem Moderator gearbeitet werden
> kann. Bei größeren Gruppen empfiehlt sich der gleich-
> zeitige Einsatz von zwei Moderatoren.

Eine Zweier-Moderation erlaubt zum Beispiel eine Aufgabenteilung, wobei sich einer auf die Kommunikation in der Gruppe konzentriert, während der andere die technische Seite der Visualisierung übernimmt. In festgefahrenen Situationen können die Rollen gewechselt werden, sodass die Gruppe einen neuen Ansprechpartner erhält.

 Auch beim Einsatz mehrerer Moderatoren gilt die eindeutige Aufgabenteilung zwischen Moderator und Gruppe: Die Moderatoren sind nur für den Ablauf zuständig.

Auf den Punkt gebracht

▶ Der Moderator ist für alle Vorbereitungsarbeiten von der Zielsetzung über die Ablaufplanung bis zur Einladung der Teilnehmer verantwortlich. Er steuert die Arbeitssitzung mithilfe geeigneter Techniken und Spielregeln.

▶ Wenn sich ein Moderator ausnahmsweise zum Sachthema äußert, muss dieser Rollenwechsel deutlich kenntlich gemacht werden.

▶ Die Moderation zu zweit ist für größere Gruppen geeignet und ermöglicht eine Aufgabenteilung.

Vorbereitung einer Moderation

Eine gute Vorbereitung ist eine entscheidende Voraussetzung für eine erfolgreiche Moderation. Die dafür investierte Zeit amortisiert sich durch Zeitersparnisse während der Sitzung und durch bessere Ergebnisse. Die Vorbereitung erstreckt sich auf inhaltliche, methodische und organisatorische Aspekte. Folgende Fragen müssen geklärt werden:

▸ Worum geht es in der Sitzung (Moderationsauftrag)?

▸ Welches Ziel oder welche Ziele werden verfolgt (Moderationsziel)?

▸ Wer nimmt teil (Adressatenanalyse)?

▸ Wie soll die Sitzung strukturiert werden (Ablaufplan)?

▸ Welche organisatorischen Voraussetzungen müssen geschaffen werden (Rahmenbedingungen)?

▸ Wie werden die Teilnehmer eingeladen (Einladung)?

Kennen Sie Ihren Moderationsauftrag?

Zunächst müssen Sie sich einen eindeutigen Moderationsauftrag verschaffen. Stellen Sie in einem Gespräch mit dem Auftraggeber sicher, dass es sich um einen präzise formulierten Auftrag handelt, der mit der Moderationsmethode durchführbar ist.

Eindeutiger Moderationsauftrag?

„Herr Parlo, wir sollten uns auf der nächsten Donnerstagssitzung einmal mit dem Betriebsklima beschäftigen. Würden Sie diesen Part moderieren?" Dies ist kein klarer Moderationsauftrag. Hier müsste der vorgesehene Moderator zumindest klären, warum der Auftraggeber dieses Thema anspricht und was er erfahren möchte. Geht es um die Ursachen für das zurzeit schlechte Betriebsklima? Sollen Lösungsvorschläge für ein besseres Betriebsklima entwickelt werden? Gibt es andere Gründe für die Relevanz dieses Themas?

Eindeutiger wäre folgende Formulierung: „Herr Parlo, mir sind mehrfach Klagen über unser Betriebsklima zu Ohren gekommen. Würden Sie bei unserem nächsten Treffen die Moderation übernehmen, damit wir klären können, was da los ist und was wir tun können?" Hier weiß der Moderator, dass es um Ursachen und Lösungsvorschläge geht.

Fragen zur Klärung des Moderationsauftrags

Bei den Fragen und Regeln, die Sie in diesem und in den weiteren Kapiteln finden, handelt es sich jeweils um einen Maximalkatalog, aus dem die für Ihre Situation geeigneten auszuwählen sind.

▸ Wer ist der Auftraggeber?

▸ Wie ist die Problemlage?

▸ Gibt es einen aktuellen Anlass? Welche Vorgeschichte oder Hintergründe hat der Auftrag?

▸ Wie lautet der exakte Moderationsauftrag?

▸ Gegenüber wem bin ich wofür Rechenschaft schuldig?

▸ Ist dem Auftraggeber die Moderationsmethode bekannt?

▸ Welche Absicht verbindet der Auftraggeber mit der Veranstaltung? Sind bestimmte Interessen des Auftraggebers zu berücksichtigen?

▸ Kann mit der Unterstützung des Auftraggebers gerechnet werden?

Ist die Moderation die richtige Methode?

Mit der Abstimmung des Moderationsauftrags müssen Sie auch prüfen, ob die Moderationsmethode für die vorliegende Situation überhaupt geeignet ist. Die Moderationsmethode sollte nur eingesetzt werden, wenn die Teilnehmer durch ihr Wissen, ihre Erfahrung oder ihre Kreativität an der Lösung eines Problems mitwirken können.

> Falls die Klärung des Auftrags zeigt, dass die Moderationsmethode für dieses Thema ungeeignet ist, dann sollten Sie den Auftraggeber darüber informieren und den Auftrag ablehnen.

Wenn Sie als Moderator glauben, selbst zu sehr in das Thema involviert zu sein oder aus anderen Gründen nicht die notwendige Distanz und Neutralität wahren zu können, dann sollten Sie den Moderationsauftrag ebenfalls ablehnen oder eine andere Person als Moderator bestimmen.

Übertragung der Moderation

In einem Unternehmen soll der Personalleiter ein neues Verfahren zur Mitarbeiterbeurteilung konzipieren. Dafür wira eine Projektgruppe zusammengestellt. Wegen seines großen Engagements beim Sachthema überträgt der Personalleiter die Moderation einem Gruppenmitglied.

Auf den Punkt gebracht

▸ Verschaffen Sie sich einen eindeutigen Moderationsauftrag.

▸ Prüfen Sie, ob die Moderationsmethode die richtige Methode ist.

▸ Übernehmen Sie nur Moderationen, bei denen Sie die erforderliche Neutralität wahren können.

Jede Moderation braucht ein Ziel

Jede Besprechung oder Gruppenarbeit benötigt ein eindeutiges und allen bekanntes Ziel. Die Teilnehmer werden nur dann zur Mitarbeit bereit sein, wenn eindeutige, von allen akzeptierte Ziele formuliert werden. Das Moderationsziel wird aus dem Moderationsauftrag abgeleitet. Ziele einer Moderation können sein:

▸ Sammeln von Informationen, Vorschlägen oder Ideen

▸ Bearbeiten von Informationen oder Ideen

▸ Definition und Analyse von Problemen oder Schwachstellen

▸ Erarbeiten von Konflikt- oder Problemlösungen

▸ Herbeiführen von Entscheidungen

▸ Abgrenzung oder Klärung von Aufträgen

▸ Koordination verschiedener Aufgaben

> Das Moderationsziel sagt aus, was am Ende einer Sitzung erreicht werden soll. Das Ziel der Sitzung unterscheidet sich von dem, was später einmal umgesetzt wird. **!**

Ziel einer Arbeitssitzung

Das Ziel einer Arbeitssitzung lautet: „Vorschläge zur Verbesserung des Betriebsklimas". Das Ziel ist erreicht, wenn die Arbeitsgruppe einen Katalog möglicher Vorschläge erarbeitet hat. Andere entscheiden darüber, ob und welche Vorschläge tatsächlich umgesetzt werden.

Fragen zur Klärung der Zielsetzung

▸ Wie lautet das Thema?

▸ Worum geht es? Was soll mit der Moderation erreicht werden?

▸ Wie soll das Ergebnis der Arbeitssitzung aussehen?

▸ Was ist bisher bereits geschehen? Wurde an dem Thema bereits gearbeitet? Wenn ja, von wem und mit welchem Ergebnis?

▸ Lässt sich das Problem überhaupt durch eine moderierte Arbeitssitzung lösen?

▸ Ist das gesteckte Ziel realistisch?

Eine konstruktive Mitarbeit aller Teilnehmer kann nur erwartet werden, wenn die Ziele von diesen mitgetragen werden. Bei der Zielformulierung haben Sie als Moderator je nach Thema zwei Möglichkeiten:

▸ Sie formulieren das (vorläufige) Ziel allein oder in Zusammenarbeit mit dem Auftraggeber und geben es zu Beginn der Sitzung bekannt. In diesem Fall müssen Sie sicherstellen, dass das Moderationsziel von allen Anwesenden verstanden und akzeptiert wird. Die Teilnehmer sollten Gelegenheit haben, mögliche Bedenken zu äußern und ggf. Zieländerungen vorzunehmen.

▸ Falls das Ziel zu Beginn der Sitzung noch nicht eindeutig feststeht (z. B. weil Sie als Moderator über zu wenig Sachkenntnis verfügen), muss es in einem ersten Arbeitsschritt von der Gruppe erarbeitet werden. Dabei können Sie bereits Moderationsmethoden einsetzen.

Ohne eindeutiges Ziel ist ein systematisches Vorgehen nicht möglich. Achten Sie darauf, dass vor Eintritt in die Sachdiskussion eine eindeutige Zielformulierung vereinbart ist, die von allen Teilnehmern akzeptiert wird.

Zielformulierungen

▸ *falsch:* Besseres Qualitätsbewusstsein
  richtig: Maßnahmen zur Verbesserung des Qualitätsbewusstseins

▸ *falsch:* Größere Kundenzufriedenheit
  richtig: Vorschläge zur Steigerung der Kundenzufriedenheit

▸ *falsch:* Verbesserung des Betriebsklimas
  richtig: Vorschläge zur Verbesserung des Betriebsklimas

Bei der Durchführung wird das Moderationsziel visualisiert und bleibt für die Dauer der Veranstaltung für alle sichtbar.

Auf den Punkt gebracht

▸ Klären Sie das Moderationsziel und sorgen Sie für eine eindeutige Formulierung.

▸ Schlagen Sie nur Ziele vor, von denen Sie annehmen, dass sie von den Teilnehmern auch akzeptiert werden.

▸ Formulieren Sie Ihre Ziele so, dass am Ende der Veranstaltung überprüft werden kann, ob die Ziele erreicht wurden.

Eignet sich die Moderationsmethode für Ihre Teilnehmer?

Die Teilnehmer einer Moderationssitzung müssen über die notwendige Sachkompetenz verfügen und willens sein, in der Gruppe aktiv zur Problemlösung beizutragen. Ein kooperatives Arbeitsklima und die vielfältigen Aktionsmöglichkeiten durch die Visualisierungstechnik stellen sicher, dass das Wissen, die Meinung und die Erfahrung aller in Verbindung mit der Spontaneität und Kreativität des Augenblicks genutzt werden.

 Führungskräfte oder hierarchisch höhergestellte Teilnehmer müssen bereit sein, sich mit den anderen Teilnehmern gleichzustellen.

Durch eine Analyse der Teilnehmer in der Vorbereitung erfahren Sie, welche Erfahrungen die Gruppe bereits mit der Moderationsmethode hat und welche Regeln für den Umgang miteinander zu formulieren sind. Sie können geeignete Techniken auswählen und passende Rahmenbedingungen planen. Folgende Fragen sind zu klären:

▸ Wer sind die Teilnehmer und welche Funktion üben sie aus?

▸ Welche Aufgaben bearbeiten die Teilnehmer zurzeit?

▸ Welche Stellung in der Hierarchie haben sie?

▸ Welche Entscheidungskompetenz haben sie?

▸ In welcher Beziehung stehen die Teilnehmer zueinander?

▸ Welche Interessen vertreten die Teilnehmer?

▸ Welche Einstellungen zum Thema herrschen vor?

▸ Welche Konflikte können auftreten?

▸ Welche Erfahrungen mit der Moderationsmethode bringen die Teilnehmer mit? Wie ist die Einstellung zu dieser Methode?

▸ Inwieweit sind die Teilnehmer bereits über die geplante Veranstaltung informiert?

Versuchen Sie unbedingt zu klären, welche Erfahrungen die Teilnehmer mit der Moderationsmethode haben. Eine zuverlässige weitere Planung (Strukturierung der Sitzung, Methodenauswahl, Vorgabe von Regeln usw.) wird nur möglich sein, wenn Sie wissen, ob die Teilnehmer die Methode bereits kennen oder ob Sie ihnen Ihre Vorgehensweise zunächst erläutern müssen.

Zu einer Moderation sollten nur diejenigen Personen eingeladen werden, die gebraucht werden und etwas zum Ergebnis beitragen können. Diese Idealforderung wird bei einer Auftragsmoderation nicht immer einzuhalten sein.

Beachten Sie auch die Gruppengröße. Gruppen von mehr als 20 Personen sollten von vornherein in mehrere Kleingruppen aufgeteilt werden. In solchen Fällen muss im Plenum zunächst eine Aufgabenverteilung und Zuordnung zu den Kleingruppen vorgenommen werden.

Auf den Punkt gebracht

▸ Wählen Sie möglichst nur Teilnehmer aus, die inhaltlich etwas zum Thema beitragen können.

▸ Klären Sie rechtzeitig, ob die Teilnehmer bereits mit
  der Moderationsmethode vertraut sind.

▸ Achten Sie darauf, dass hierarchisch höhergestellte
  Teilnehmer keinen Sonderstatus beanspruchen.

▸ Achten Sie auf eine überschaubare Gruppengröße.

Wie soll die Sitzung ablaufen?

Der voraussichtliche Verlauf einer Moderation wird in einem Ablaufplan festgehalten. Dieser wird so aufgebaut,
dass sich die Gruppe schrittweise und strukturiert an die
Lösung herantasten kann. Ausgangspunkt sind die Ziele,
die erreicht werden sollen. Anhand dieser Ziele werden die
Ablaufphasen festgelegt und die dabei jeweils geeigneten
Methoden ausgewählt.

Fragen zum Entwurf eines Ablaufplans

▸ Wie soll die Sitzung strukturiert werden?

▸ Wie sieht der voraussichtliche Zeitplan aus?

▸ Muss den Teilnehmern die Moderationsmethode vorgestellt werden und wenn ja, wie?

▸ Wie wird den Teilnehmern die Rolle des Moderators erklärt?

▸ Wie soll die Sitzung eröffnet werden (Gruppenspiegel [vgl. S. 69], Erwartungsabfrage [vgl. S. 70] usw.)?

▸ Wie soll in das Problem eingeführt werden?

▸ Wie ausführlich müssen Anlass und Hintergrund dargestellt werden?

▸ Wie können Ziel oder Teilziele dargestellt werden?

▸ Welche Spielregeln werden der Gruppe angeboten?

▸ Welche Arbeitsschritte werden unterschieden?

▸ Welche Methoden/Techniken werden bei den einzelnen Arbeitsschritten eingesetzt?

▸ Wie soll das Ergebnis aussehen (z. B. ein Maßnahmenplan)?

▸ Wie viel Zeit ist für die Erreichung des Ziels erforderlich?

▸ Wie kann der Abschluss gestaltet werden?

▸ Wie sollen die Ergebnisse gesichert werden?

Alle im Ablaufplan aufgeführten Fragen und Arbeitsschritte werden wörtlich notiert und später auf Pinnwände oder Flipcharts übertragen. Vor der Durchführung sollte der Ablaufplan unbedingt auf logische Stringenz und auf Verständlichkeit überprüft werden.

> **Auf den Punkt gebracht**
>
> ▸ Planen Sie rechtzeitig, wie Sie die Moderation strukturieren wollen.
>
> ▸ Übernehmen Sie in den Ablaufplan die für jeden Arbeitsschritt einzusetzenden Methoden sowie den ungefähren Zeitbedarf.
>
> ▸ Visualisieren Sie den Ablaufplan auf einem Flipchart oder einer Pinnwand (vgl. S. 115).

Die Rahmenbedingungen müssen stimmen

Zu den Rahmenbedingungen zählen der Zeitpunkt und die Dauer, Ort und Raum sowie die Raumausstattung und die benötigten Medien.

Fragen zu Zeitpunkt und Zeitrahmen:

▸ Wann soll die Veranstaltung stattfinden?

▸ Sind dabei Feiertage und Urlaubszeiten berücksichtigt?

▸ Ist der vorgesehene Zeitrahmen realistisch?

▸ Kann der vorgesehene Ablauf voraussichtlich realisiert werden?

Notwendige Voraussetzungen für eine optimale Gruppenarbeit sind eine ausreichende Raumgröße, eine flexible Bestuhlung, Bewegungsfreiheit sowie die Möglichkeit, rasch zwischen Plenums- und Kleingruppenarbeit zu wechseln.

Eine Faustregel für die Raumgröße besagt: mindestens 5 m^2 pro Teilnehmer. Dabei muss sichergestellt sein, dass, wenn die Gesamtgruppe aufgeteilt werden soll, die Teilgruppen ungestört arbeiten können. Die Bestuhlung wird zu Beginn einer Moderation zumeist im Halbkreis angeordnet und kann im weiteren Verlauf für die Arbeit in Kleingruppen umgestellt werden.

Zum Raum sind folgende Fragen zu klären

▸ Wo soll die Veranstaltung stattfinden?

▸ Sind Raum und Ort den Teilnehmern bekannt?

▸ Ist der Raum zum gewünschten Zeitpunkt verfügbar?

▸ Eignen sich Raum und Ort für die zu lösende Aufgabe?

▸ Wie viele Räume werden benötigt (Plenum/Kleingruppe)? Wie groß müssen sie sein?

▸ Welche Ausstattung wird benötigt (Tische, Stühle)?

▸ Welche Medien und Arbeitsmaterialien sind vorhanden oder müssen besorgt werden (vgl. unten)?

▸ Wer sorgt für die Hilfsmittel, wenn diese selbst gestellt werden müssen?

Achten Sie auch darauf, dass ein störungsfreies Arbeiten möglich wird. Externe Räume (z. B. in einem Tagungshotel) sind i. d. R. weniger störungsanfällig als Räume im eigenen Betrieb (z. B. ein Konferenzraum).

Moderationsmaterialien

Im vorgesehenen Raum müssen ausreichend Moderationsmaterialien verfügbar sein. Eine vollständige Moderationsausrüstung umfasst

▸ eine ausreichende Anzahl Pinnwände (Eine Faustregel besagt, dass je Teilnehmer etwa eine halbe Pinnwand [also ca. 60 × 75 cm] benötigt wird.),

▸ ausreichend Packpapier für die Pinnwand (mindestens zwei Bogen je Teilnehmer),

▸ Moderationskarten unterschiedlicher Größe, Farbe und Form (Sie werden je nach Form und Größe für unterschiedliche Funktionen eingesetzt.) sowie

▸ Nadeln und Klebematerialien.

Eine Beschreibung der wichtigsten Moderationsmaterialien und ihrer Verwendungsmöglichkeiten finden Sie ab Seite 115.

Folgende Fragen sind ebenfalls zu klären

▸ Wann finden Pausen statt? Wie lange dauern sie jeweils?

▸ Wer sorgt für die Verpflegung (Pausenkaffee, Mittagessen)?

▸ Bei mehrtägigen Veranstaltungen: Gibt es Möglichkeiten zur Entspannung (z. B. Pausenspaziergang)? Wie wird die Übernachtung organisiert?

Eine aussagekräftige Einladung

Sobald das Thema und die Rahmenbedingungen geklärt sind, müssen die Teilnehmer eingeladen werden. Die Einladung sollte schriftlich erfolgen und alle Informationen enthalten, die erforderlich sind, damit sich die Eingeladenen gut auf die Sitzung vorbereiten können. Eine aussagekräftige Einladung kann besonders bei heiklen Themen vertrauensbildend wirken. Folgende Punkte können aufgenommen werden:

▸ Anlass der Veranstaltung,

▸ Thema und Ziel der Veranstaltung,

▸ problembezogener Kenntnisstand, der bei den Teilnehmern vorausgesetzt wird,

▸ notwendige vorbereitende Aktivitäten der Teilnehmer,

▸ Zeitpunkt und Zeitrahmen (Datum, Veranstaltungsbeginn, voraussichtliches Ende),

▸ Veranstaltungsort (Anschrift, eventuell Lageplan),

▸ Teilnehmerliste (Namen aller Teilnehmer, des Moderators sowie eventueller Gäste und Referenten),

▸ Initiator/Einladender.

Auf den Punkt gebracht

▸ Sorgen Sie für einen Arbeitsraum, der einen flexiblen Einsatz der Materialien und Moderationstechniken zulässt.

▸ Besorgen Sie die erforderlichen Moderationsmaterialien.

▸ Übernehmen Sie in eine Einladung alle Informationen, die es den Teilnehmern ermöglichen, sich gut auf die Sitzung vorzubereiten.

Moderationstechniken

Moderationstechniken sind das Handwerkszeug des Moderators, mit dem er die Teilnehmer bei der inhaltlichen Problembearbeitung unterstützt. Zu den Moderationstechniken zählen alle Methoden oder Arbeitstechniken, die sich für das Sammeln, Strukturieren und Bearbeiten von Themen oder zur Entscheidungsfindung eignen. Als Moderator müssen Sie diese Techniken beherrschen. Bei deren Einsatz haben Sie folgende Aufgaben:

▸ Sie wählen die geeigneten Techniken aus, mit denen die Ziele der jeweiligen Arbeitsschritte erreicht werden.

▸ Sie erläutern den Teilnehmern das Ziel des Verfahrens und beschreiben die Verfahrensregeln.

▸ Sie versichern sich, dass das Verfahren verstanden und akzeptiert wurde.

▸ Sie achten auf eine regelkonforme Durchführung.

Nachfolgend werden die bekanntesten Moderationstechniken mit Hinweisen auf die jeweilige Eignung erläutert.

Punktabfragen

Bei Punktabfragen werden Klebepunkte verteilt, um

▸ Ergebnisse zu bewerten,

▸ Entscheidungen zu treffen und

▸ Stimmungen in der Gruppe zu verdeutlichen.

Sie können mit Pinnwand oder Flipchart arbeiten. (Lesen Sie hierzu auch das Kapitel zur Visualisierung ab Seite 115.)

Je nach Zahl der verteilten Punkte werden die Einpunkt- oder Mehrpunktabfrage unterschieden. In der Einführungsphase (vgl. S. 81) einer Moderationssitzung eignet sich diese Technik, um allen Teilnehmern möglichst schnell in eine Aktivität einzubinden und einen ersten, eher spielerischen Kontakt zum Thema herzustellen.

Einpunktabfrage

So gehen Sie bei der Einpunktabfrage vor:

▸ Bereiten Sie ein Antwortraster (z. B. eine Schätzskala, siehe Abbildung unten) vor und erläutern Sie es kurz.

▸ Die Überschrift wird als Frage oder These formuliert.

▸ Die Frage wird kurz eingeleitet oder vorgelesen und die Abstufung der Skala wird erklärt.

▸ Jeder Teilnehmer erhält einen Klebepunkt (nur Punkte gleicher Farbe verwenden) mit der Bitte, ihn an die von ihm gewählte Rasterstelle zu kleben.

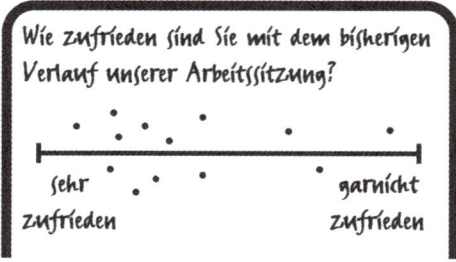

Einfache Punktabfrage

Einpunktabfrage

Ein bekanntes Beispiel für die einfache Punktabfrage ist das Stimmungsbarometer, bei dem die jeweilige Stimmung entweder anhand einer Barometerskala oder von verschiedenen Smileys verdeutlicht wird (vgl. S. 72).

Doppelte Punktabfrage

Es ist auch möglich, mit einem Klebepunkt in einem Arbeitsgang zwei Fragen zu beantworten, die in einem sinnvollen Zusammenhang miteinander stehen. Diese Variante wird als „doppelte Punktabfrage" bezeichnet, wobei mit „doppelt" nicht die Anzahl der Punkte gemeint ist, sondern die Zahl der Antworten. Dieses Verfahren eignet sich gut für Vergleiche und zur Prioritätensetzung.

So gehen Sie bei der doppelten Punktabfrage vor:

▸ Legen Sie zusammen mit der Gruppe zwei Aspekte eines Problems fest, die untersucht werden sollen (z. B. Kosten und Nutzen).

▸ Die beiden ausgewählten Merkmale bilden die Achsen eines Koordinatensystems.

▸ Die Teilnehmer kleben jeweils einen Punkt entsprechend ihrer Einschätzung.

Doppelte Punktabfragen

▸ *Wie beurteilen Sie die Kosten und wie den Nutzen dieser Aktion (vgl. folgende Abbildung)?*

▸ *Wie groß ist Ihr Interesse an diesem Projekt und wie sehen Sie den Nutzen für Ihre Arbeit?*

▸ *Wie beurteilen Sie den Zeitaufwand im Verhältnis zum Nutzen?*

Doppelte Punktabfrage

Mehrpunktabfrage

Mehrpunktabfragen eignen sich zur Bewertung von Listen, zur Festlegung von Prioritäten oder Rangfolgen und um Interessensschwerpunkte zu ermitteln. Mehrpunktabfragen ersetzen in der Moderation die Abstimmung.

So gehen Sie bei der Mehrpunktabfrage vor:

▸ Schreiben Sie an eine Pinnwand oder auf ein Flipchart mehrere Alternativen, die zur Auswahl stehen (z. B. eine Entscheidungstabelle oder Schätzskala).

▸ Jeder Teilnehmer erhält mehrere Klebepunkte mit der Bitte, diese an die gewählte Position zu kleben.

▸ Eine Faustregel besagt, dass die Zahl der Punkte je Teilnehmer etwa halb so groß wie die Zahl der zu bewertenden Alternativen sein soll.

▸ Bei der Mehrpunktvergabe können alle Punkte derselben Antwortvorgabe zugeordnet oder auf verschiedene Möglichkeiten verteilt werden (z. B. Problem B erhält einen Punkt; Problem D erhält zwei Punkte).

▸ Aus der Addition der jeweils in eine Zeile geklebten Punkte ergibt sich eine Rangfolge.

Mehrpunktabfragen

▸ *Ein typisches Anwendungsbeispiel ist die Bewertung eines Themenspeichers (vgl. S. 48). Durch die Punktabfrage wird über die weitere Bearbeitung der Themen entschieden.*

▸ *Bei einer zu umfangreich ausgefallenen Tagesordnung wird geklärt, welche Punkte in welcher Folge bearbeitet und welche vertagt werden sollen.*

Kartenabfrage

Für die Kartenabfrage – die wohl bekannteste Moderationstechnik – benötigen Sie eine Pinnwand. Die Kartenabfrage eignet sich, wenn von den Teilnehmern viele Antworten erwartet werden. Sie wird auch als „verdeckte Stichwortabfrage" bezeichnet. Wegen der Anonymität der Antworten eignet sich die Technik auch bei sensiblen Themen.

Die Vorteile sind leicht erkennbar: Alle Teilnehmer werden einbezogen und alle Antworten sind gleich wichtig. Da nicht mehr erkennbar ist, wer welche Antwort gegeben hat, gibt es keine Hierarchieunterschiede oder andere Bevorzugungen. Weil jede Lösung auf einer eigenen Karte notiert wird, können die Karten jederzeit neu geordnet werden. Auch die Zeitersparnis gegenüber gesprochenen Beiträgen ist ein Vorteil. Die Kartenabfrage ist für Anfänger besonders geeignet. Bei sehr großen Gruppen kann das Resultat allerdings schnell unübersichtlich werden.

So gehen Sie vor:

▸ Die Teilnehmer erhalten ausreichend viele Kommunikationskarten (um jegliche Rückschlüsse auf die Verfasser auszuschließen, sollten die Karten gleichfarbig sein).

▸ Schreiben Sie die Frage (das Problem) für alle sichtbar auf eine Pinnwand.

▸ Lesen Sie die Frage vor und stellen Sie sicher, dass sie von allen Teilnehmern verstanden wurde.

▸ Jeder Teilnehmer notiert seine Antworten auf Karten.

▸ Je Karte darf nur eine Idee aufgeschrieben werden.

▸ Die Karten werden eingesammelt, gemischt und in willkürlicher Anordnung an die Pinnwand geheftet. Durch Clustern (vgl. S. 45) wird in einem späteren Arbeitsschritt eine sinnvolle Ordnung hergestellt.

▸ Bei Zeitknappheit, bei sehr großen Gruppen oder wenn sehr viele Ideen produziert werden, kann sich eine Begrenzung der Kartenzahl als sinnvoll erweisen. Dabei werden die Teilnehmer gebeten, von den zunächst in beliebiger Anzahl geschriebenen Karten nur die drei wichtigsten weiterzugeben.

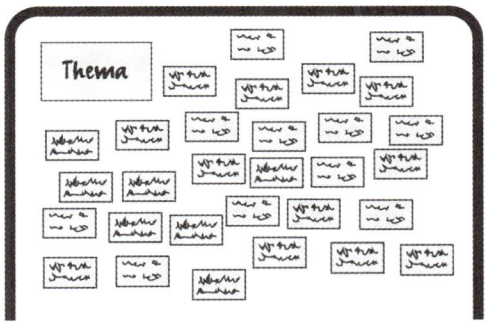

Kartenabfrage

Achten Sie darauf, dass nicht zu viel auf eine Karte geschrieben wird. Zeigen Sie den Teilnehmern vorher eine Musterkarte, bei der die Schreibregeln (vgl. S. 122) eingehalten werden. **!**

Clustern (Klumpenbildung)

Das Clustern wird erforderlich, wenn nach einer Kartenabfrage viele Lösungen (z. B. Ideen, Vorschläge, Lösungsansätze, Meinungen) vorliegen. Die zunächst unsortierten Einzelbeiträge werden in eine sinnvolle Struktur gebracht. Dabei werden Antworten mit gleichem oder ähnlichem Inhalt zu Clustern (Klumpen) zusammengefasst. Auch bei dieser Technik arbeiten Sie mit einer Pinnwand.

So gehen Sie vor:

▸ Lesen Sie jede einzelne Karte kommentarlos laut vor. Dieser Schritt ist erforderlich, damit alle Teilnehmer über alle vorliegenden Lösungen informiert werden.

▸ Die Teilnehmer entscheiden darüber, welche Karten thematisch zusammengehören. In Zweifelsfällen kann eine Karte ein zweites Mal geschrieben (Doppelung) und dann zwei verschiedenen Clustern zugeordnet werden.

▸ Ordnen Sie die Karten nach den Vorgaben der Teilnehmer. Während des Ordnens können ggf. weitere Karten geschrieben werden.

▸ Gleichlautende Karten werden alle aufgehängt. Kein Teilnehmer darf den Eindruck haben, dass seine Karte aussortiert wird. Außerdem ist die Häufigkeit ein Hinweis auf Übereinstimmungen und Gewichtungen.

▸ Die so entstandenen Cluster werden nach Beendigung der Zuordnung dick umrandet. Auch Einzelkarten können einen Cluster bilden.

▸ Abschließend lässt der Moderator von der Gruppe einen passenden Oberbegriff für jeden Cluster bestimmen. Dieser wird auf einer ovalen Karte notiert und über den entsprechenden Klumpen geheftet (vgl. Abbildung S. 48).

▸ Die entstandenen Themengruppen werden entweder in einen Themenspeicher (vgl. S. 48) übernommen oder sofort in Arbeitsthemen umformuliert und im Plenum oder in Kleingruppen (vgl. S. 56) weiterbearbeitet.

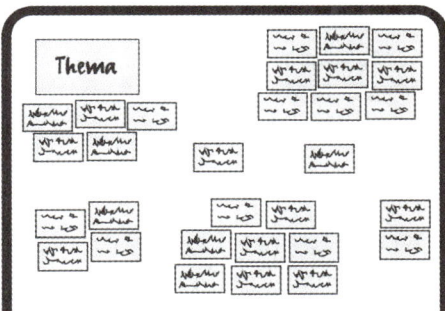

Clusterbildung

> Achten Sie darauf, dass während des Clusterns keine
> Inhalte diskutiert werden und keine Idee ausgelassen
> wird, auch wenn nur eine Karte vorhanden ist.

Karten, die zu keinem anderen Clustern passen, werden als
Einzelkarte weitergeführt. Karten, die völlig aus dem Thema herausfallen, können auf einer separaten Pinnwand,
die als Ideen- oder Fragenspeicher (vgl. S. 61) geführt wird,
gesammelt werden. Auf diese Weise bleiben auch ausgefallene Beiträge zunächst noch im Rennen und kein Teilnehmer hat das Gefühl, dass sein Beitrag von der Gruppe,
von Meinungsführern oder „hohen Tieren" nicht ernst
genommen wird.

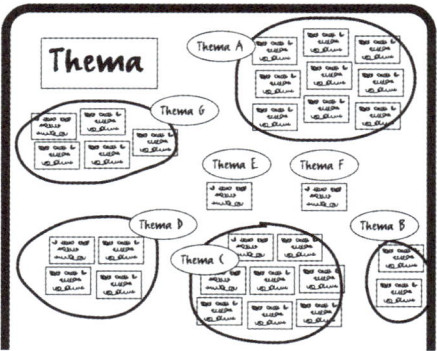

Clusterbildung mit Oberbegriffen

Themenspeicher

Der Themenspeicher (auch „Problemliste" genannt) schließt zumeist an die Clusterbildung an. Er verbessert die Übersicht über die erarbeiteten Problembereiche. Die durch Clustern entstandenen Themengruppen werden in einer Problemliste zusammengefasst. Das durch die unterschiedliche Anzahl von Karten entstandene optische Gewicht einzelner Cluster wird neutralisiert.

So gehen Sie vor:

▸ Bereiten Sie auf dem Flipchart oder einer Pinnwand einen Themenspeicher (eine Problemliste) vor.

▸ Alle Themen werden in die Liste eintragen (evtl. Teilnehmer um Mithilfe bitten).

▸ Die Reihenfolge für die weitere Bearbeitung wird durch Punktbewertung (z. B. eine Mehrpunktabfrage, vgl. S. 42) festgestellt.

▸ Erläutern Sie, wie viele Punkte jeder Teilnehmer zur Verfügung hat und nach welchen Regeln gepunktet werden soll.

▸ Die Klebepunkte werden von den Teilnehmern verteilt.

▸ Die Punkte werden gezählt und je Thema notiert.

▸ Die Themen mit den höchsten Bewertungen können in Kleingruppen (vgl. S. 56) weiterbearbeitet werden. Ausgefallene Ideen, die nur wenige Bewertungspunkte erhalten, fallen auf diese Weise durch den demokratischen Prozess heraus, ohne dass sie direkt abgelehnt werden müssen.

Achten Sie beim Eintrag in die Liste darauf, dass auch kleine Cluster (z. B. nur eine einzige Karte) aufgenommen werden.

Themenspeicher		
Themen/Probleme	Bewertung	Rang
Thema A	• • •	4
Thema B	• • • • • •	1
Thema C	• •	5
Thema D	• • • •	3
Thema E	•	6
Thema F		7
Thema G	• • • • •	2

Themenspeicher

Bei einer anderen Vorgehensweise wird die Punktbewertung bereits nach der Bildung von Oberbegriffen vorgenommen und diese werden entsprechend der erzielten Rangfolge in den Themenspeicher übertragen.

Zurufabfrage

Die Zurufabfrage ist eine zweite Möglichkeit zum Sammeln von Themen, Fragen, Ideen oder Lösungsansätzen. Die Zurufabfrage wird auch als „offene Stichwortabfrage" bezeichnet, denn hier müssen die Teilnehmer ihre Antwort unmittelbar vor dem Auditorium aussprechen. Ein Problem kann sich ergeben, wenn nicht alle Teilnehmer antworten, sei es wegen der fehlenden Anonymität, aus Trägheit oder weil einigen der Mut fehlt, Ideen offen auszusprechen. Die „Öffentlichkeit" der Antworten kann sich aber auch positiv auswirken, denn mit geringem Zeitaufwand entsteht hier durch die gegenseitige Anregung eine Art Brainstormingeffekt (vgl. S. 74).

Die Zurufabfrage wird gerne bei kleinen Gruppen eingesetzt, um schnell ein Meinungsbild zu bekommen. Auch wenn Rechtschreibprobleme befürchtet werden, ist die Methode geeignet, um Peinlichkeiten zu vermeiden.

So gehen Sie vor:

‣ Schreiben Sie die Fragestellung als Überschrift an die Pinnwand.

‣ Die Frage wird kurz eingeleitet oder wörtlich vorgelesen.

‣ Stellen Sie sicher, dass alle die Frage verstanden haben.

▸ Die Teilnehmer rufen dem Moderator ihren Beitrag zu.

▸ Der Moderator (oder ein Helfer) schreibt die Antworten auf Karten und heftet diese an die Pinnwand.

▸ Die Ideen werden nicht kommentiert.

▸ Die weitere Bearbeitung erfolgt wie bei der Kartenabfrage (vgl. S. 43).

Es hat sich bewährt, dass Sie als Moderator den Abruf der Beiträge leiten und die Karten durch eine oder zwei weitere Personen geschrieben und angeheftet werden.

Zurufabfragen

▸ *Was versprechen Sie sich vom Einsatz dieser Technik?*

▸ *Was muss heute noch besprochen werden?*

▸ *Was hat Ihnen heute besonders gut gefallen (oder negativ: Was hat Sie heute besonders gestört?)*

Mehrfeldertafel (Szenario-Technik)

Die Mehrfeldertafel eignet sich besonders für die Bearbeitung eines Themas in kleinen Gruppen (vgl. S. 56) und die anschließende Weiterbearbeitung im Plenum. Sie wird eingesetzt, um ein Thema grob zu durchleuchten, und kann ebenso der Entwicklung erster Lösungsansätze dienen. Auch mögliche Konflikte werden verdeutlicht. Für die Erstellung einer Mehrfeldertafel können Sie eine Pinnwand oder auch ein Flipchart verwenden.

Man unterscheidet, die Zwei-, Drei- und Vierfeldertafel. Die Stärken der Mehrfeldertafel sind:

▸ Es werden wenige, aber wichtige Aspekte eines Problems aufgegriffen.

▸ Die Bearbeitung wird in überschaubare Schritte unterteilt.

▸ Die Diskussion konzentriert sich auf die visualisierten Punkte.

▸ Die Darstellung der Ergebnisse ist sehr übersichtlich.

Ein Nachteil dieser Methode besteht darin, dass sich die Betrachtung eines Themas auf die vorher festgelegten Aspekte reduziert.

Zweifeldertafel

Die Zweifeldertafel wird besonders häufig verwendet. Sie überzeugt durch ihre einfache Struktur und erlaubt eine erste Bearbeitung eines Themas. Die Fragestellung und die Bezeichnung der beiden Felder sollten so formuliert sein, dass die Teilnehmer zu möglichst konkreten Antworten gezwungen werden.

Einsatz einer Zweifeldertafel

▸ *Abwägen einer Maßnahme: Was spricht dafür (Pro)? – Was spricht dagegen (Contra)?*

▸ *Abwägen zweier Alternativen: Was spricht für A? – Was spricht für B?*

▸ *Problemanalyse: Wie äußert sich das Problem? – Was können die Ursachen sein? (vgl. folgende Abbildung)*

▸ *Problemlösung: Wo genau liegt das Problem? – Was können wir tun?*

Zweifeldertafel

Dreifeldertafel

Bei der Dreifeldertafel wird die Bearbeitung eines Themas auf drei Aspekte erweitert. Dabei werden (wie bei einem umgekehrten T) zumeist zwei Aspekte eines Problems einander gegenübergestellt und daraus bestimmte Aktivitäten entwickelt. Die folgenden Beispiele zeigen, dass die Dreifeldertafel häufig eine erweiterte Zweifeldertafel ist: Zwei Felder sind mit einer Gegenüberstellung belegt, aus der in einem dritten Feld die weitere Fragestellung abgeleitet wird.

Einsatz einer Dreifeldertafel

▸ *Eine bestimmte Lösungsmöglichkeit wird analysiert: Was sind die Vorteile? – Was sind die Nachteile (Risiken)? – Was müssen wir beachten? (vgl. folgende Abbildung)*

▸ *Alternativen abwägen und Klärungsbedarf feststellen: Was spricht für A? – Was spricht für B? – Welche Fragen müssen wir klären?*

▸ *Eine Situation beurteilen: Was läuft bereits gut? – Was kann verbessert werden? – Wo müssen wir handeln?*

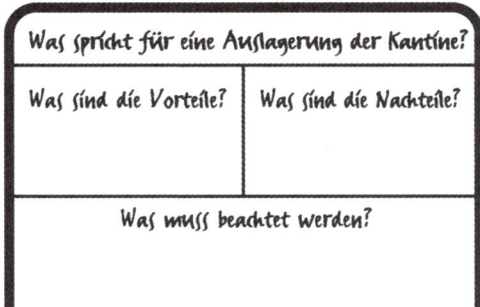

Dreifeldertafel

Die Dreifeldertafel eignet sich gut zum Einstieg in die Kleingruppenarbeit (vgl. S. 56), wenn aus einer ersten Gegenüberstellung die Fragen für die weitere Bearbeitung abgeleitet werden.

Vierfeldertafel (Fadenkreuz)

Auch die Vierfeldertafel eignet sich gut bei der Kleingruppenarbeit, wenn mehrere Gruppen gleichzeitig arbeiten. In
kurzer Zeit können erste Gedanken zu einem oder mehreren
Themen entwickelt und dann im Plenum vertieft werden.

Eine häufig anzutreffende Einteilung ist die Gegenüberstellung von Soll- und Istzustand, den Ursachen für die Abweichungen und die Entwicklung von Lösungsvorschlägen. Ein
Beispiel für eine Vierfeldertafel finden Sie auf der nächsten
Seite.

Soll eine Kindertagesstätte eingerichtet werden?	
Was spricht dafür?	Was spricht dagegen?
Was muss noch geklärt werden?	Welche ersten Schritte könnten getan werden?

Vierfeldertafel

Und so gehen Sie vor:

Die Zahl der Felder hat auf die Vorgehensweise keinen Einfluss:

▸ Der Moderator schlägt der Gruppe ein Szenario vor, das mithilfe einer Mehrfeldertafel bearbeitet werden soll.

▸ Der Moderator schreibt das Arbeitsthema auf die Pinnwand und zeichnet die vorgesehene Feldergruppierung.

▸ Der Moderator formuliert die Benennung der Felder und die dazugehörigen Fragen.

▸ Die Teilnehmer werden dazu angehalten, möglichst konkret zu antworten.

▸ Die Teilnehmer antworten auf die Fragen jedes Feldes mit Zuruf.

▸ Der Moderator steuert die Fragerunde und notiert die Antworten auf dem Mehrfelderplakat.

Matrixdarstellung

Die Mehrfeldertafel kann ausgeweitet werden bis zu einer umfangreichen Matrixdarstellung. Eine Matrix kann eingesetzt werden, wenn mehrere Datenkomplexe zueinander in Beziehung gesetzt werden sollen. Die Themenbearbeitung wird durch die Matrixdarstellung streng strukturiert und die Zusammenhänge zwischen den einzelnen Daten werden deutlich. Nachteilig könnte es sich auswirken, dass durch die vorgegebene Benennung der Spalten und Zeilen wichtige Aspekte vergessen werden.

So gehen Sie vor:

▶ Der Moderator entwirft die Matrix an einer Pinnwand.

▶ Der Moderator benennt die Spalten und Zeilen, falls er über genügend Fachkenntnis verfügt.

▶ Bei nicht ausreichenden Fachkenntnissen des Moderators wird die Bezeichnung der Spalten zusammen mit der Gruppe festgelegt.

▶ Die Gruppe bearbeitet das Thema durch Zuruf.

▶ Der Moderator steuert die Diskussion und visualisiert die Beiträge.

Kleingruppenarbeit

Bei der Kleingruppenarbeit wird die gesamte Gruppe in arbeitsfähige Untergruppen aufgeteilt, wodurch ein sehr effizientes Arbeiten möglich wird. Die Kleingruppenarbeit wird eingesetzt, wenn abgegrenzte Themen detailliert bearbeitet werden sollen. Vorschläge und Ideen werden vertieft und sinnvoll weiterentwickelt. Eine Kleingruppe umfasst drei bis maximal sechs Personen.

Die Arbeit mit Kleingruppen hat im Vergleich zur Großgruppe zahlreiche Vorteile:

▸ Durch die Arbeitsteilung können gleichzeitig mehrere Themen behandelt werden.

▸ Kleingruppen arbeiten zielgerichteter, schneller und effektiver als große Gruppen.

▸ Die Diskussionssituation verbessert sich, wodurch es bei Streitpunkten schneller zu einer Einigung kommt.

▸ Die Mitarbeit bei eigenem Interessengebiet wird möglich.

▸ Jeder Teilnehmer kann sich kreativ einbringen.

▸ Die Gemeinschaft der Gesamtgruppe bleibt durch die nachfolgende Präsentation und Diskussion erhalten.

▸ Für zurückhaltende Teilnehmer bietet die Kleingruppe ein Forum, in dem sie eher das Wort ergreifen.

Bei der Kleingruppenarbeit gibt es zwei Spielarten: Entweder arbeiten verschiedene Gruppen parallel am selben Thema oder es werden unterschiedliche Aufträge vergeben, sodass gleichzeitig mehrere Themen bearbeitet werden können.

Achten Sie bei gleichzeitig arbeitenden Kleingruppen immer darauf, dass sich die Gruppen nicht als Konkurrenten verstehen.

Die Gruppen formieren sich im Plenum. Die Zuordnung zu einer Gruppe erfolgt nach persönlichen Interessen, Zufall oder Expertenwissen. Wenn sich mehr als sechs Teilnehmer für eine Gruppe interessieren, wird diese unterteilt.

Der idealtypische Ablauf einer Kleingruppenarbeit kann wie folgt aussehen:

▸ Themen und Arbeitsaufträge festlegen und ggf. erläutern und visualisieren

▸ Zuordnung der Teilnehmer (Gruppeneinteilung)

▸ Arbeitsplatz einrichten für jede Gruppe (zwei bis drei Pinnwände, Visualisierungsmaterial)

▸ innerhalb der Gruppe Thema klären und aufschreiben (Akzeptanz herstellen)

▸ Ziel und Form des Endprodukts festlegen

▸ Thema bearbeiten (z. B. mit einer Mehrfeldertafel)

▸ Ergebnis in eine präsentationsfähige Form bringen

▸ Präsentation vorbereiten: Klären, wer vorträgt und wer ggf. dabei assistiert (Wenn mehrere Personen präsentieren, wird deutlich, dass das Ergebnis keine Einzelarbeit ist.)

▸ Präsentation der Arbeitsergebnisse im Plenum

▸ Die Plenumsmitglieder können Widersprüche, Kommentare oder Ergänzungen auf ovalen Karten festhalten und nach der Präsentation an das Plakat heften

▸ Die Gesamtgruppe entscheidet, ob eine weitere Bearbeitungsphase in Kleingruppen erforderlich ist.

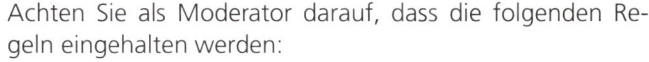

Die in Kleingruppen erarbeiteten Ergebnisse werden immer durch Mitglieder der Gruppe präsentiert und niemals vom Moderator.

Achten Sie als Moderator darauf, dass die folgenden Regeln eingehalten werden:

▸ Der Arbeitsauftrag an die Kleingruppe sollte immer in schriftlicher (visualisierter) Form erteilt werden. Er sollte neben der konkreten Aufgabenstellung immer auch Hinweise auf die Bearbeitungszeit enthalten.

▸ Der Sinn der Gruppenarbeit muss allen Teilnehmern klar sein. Es darf nicht der Eindruck entstehen, dass es sich dabei um Beschäftigungstherapie handelt.

▸ Geben Sie der Gruppe ausreichend Zeit. Berücksichtigen Sie dabei auch den Weg zum Arbeitsraum und die Organisation des Arbeitsplatzes.

▸ Erinnern Sie die Gruppe ggf. rechtzeitig daran, dass die Arbeitsergebnisse im Plenum vorgetragen werden.

Die Kleingruppenarbeit ist nicht geeignet bei Bewertungs- und Entscheidungsphasen. Das ist Sache der Gesamtgruppe, andernfalls würden die Ergebnisse nicht von allen mitgetragen.

Moderierte Diskussion

Nicht jedes Thema kann mit den bisher dargestellten typischen Moderationstechniken (Pinnwand und Karten, Mehrfeldertafel) gelöst werden. Es wird auch Situationen geben, in denen ein Teilthema diskutiert werden muss. Um die bekannten Fehler der Besprechung in traditioneller Form zu vermeiden, sollte eine solche Diskussion moderiert und die wichtigsten Ergebnisse sollten visualisiert werden.

Auch bei einer moderierten Diskussion behält der Moderator seine Rolle bei und es gelten die Prinzipien der Moderationstechnik. Das heißt, der Moderator verhält sich inhaltlich neutral, aber er unterstützt die Teilnehmer beim Ablauf. Er achtete auf die Einhaltung der Spielregeln und macht auf Abweichungen vom Thema aufmerksam.

So gehen Sie vor:

▸ Bestimmen Sie zusammen mit der Gruppe einen Zeitrahmen für die Diskussion.

▸ Visualisieren Sie das Thema (die Fragestellung).

▸ Erinnern Sie ggf. nochmals an die vereinbarten Spielregeln (Länge der Beiträge, Art des Umgangs miteinander – vgl. S. 86).

▸ Schreiben Sie während der Diskussion Zwischenergebnisse, Standpunkte oder offene Fragen mit.

▸ Machen Sie, wenn nötig, auf Abweichungen vom Thema aufmerksam.

▸ Versuchen Sie, alle Teilnehmer durch Fragen aktiv am Diskussionsprozess zu beteiligen.

▸ Achten Sie darauf, dass die Diskussion beim beschlossenen Thema bleibt.

Eine moderierte Diskussion stellt hohe Anforderungen an den Moderator. Er muss darauf achten, dass die Diskussion in geordneten Bahnen verläuft, er muss die wichtigsten Aspekte und Ergebnisse wiederholen, zusammenfassen und visualisieren. Trotz dieser umfangreichen Aufgabe muss er jederzeit seine Neutralität wahren.

Moderierte Diskussion

▸ *Zu Beginn einer Sitzung diskutieren die Teilnehmer über die genaue Abgrenzung des Themas oder die noch nicht endgültig festgelegte Zielsetzung.*

▸ *Auch die Kleingruppenarbeit wird oft als moderierte Diskussion geführt. Dabei wählt die Kleingruppe den Moderator aus ihren Reihen.*

Fragenspeicher

Der Fragenspeicher ist ein Parkplatz für offene Fragen. Während einer Moderation können Fragen (Probleme, Diskussionspunkte) auftreten, die nicht sofort bearbeitet werden, aber dennoch wichtig sind. Solche offenen Diskussionspunkte werden in einem Fragenspeicher festgehalten, um damit ihre spätere Bearbeitung zu sichern.

Durch die Aufnahme in den Fragenspeicher erkennen die Fragesteller, dass ihr Problem nicht übergangen wird. Die

Arbeit am laufenden Thema kann fortgesetzt werden. Der Fragenspeicher wird entweder ganz oder teilweise am Ende der Sitzung abgearbeitet oder die verbliebenen Themen werden in eine terminierte Folgesitzung übernommen.

So gehen Sie vor:

‣ Der Moderator erläutert den Teilnehmern den Sinn des Fragenspeichers.

‣ Probleme (Fragen), die in der laufenden Sitzung nicht sofort bearbeitet werden können, werden in den Fragenspeicher aufgenommen.

‣ Das offene Problem wird vom jeweiligen Autor als Frage formuliert.

‣ Die Gruppe entscheidet über die Aufnahme in den Fragenspeicher.

‣ Fragen, die im Laufe der Sitzung geklärt wurden, werden aus dem Fragenspeicher entfernt.

‣ Der Moderator weist vor dem Ende der laufenden Sitzung nochmals auf die offenen Fragen im Fragenspeicher hin.

‣ Die Gruppe entscheidet, wie weiter damit umgegangen wird.

Der Fragenspeicher gleicht entweder einem Themenspeicher (vgl. S. 48), der um eine Spalte „Bearbeitungstermin" ergänzt wird, oder die Fragen werden auf Karten geschrieben und an eine Pinnwand geheftet.

Maßnahmenplan

Die während einer Moderation erzielten Ergebnisse werden in einen Maßnahmenplan übernommen. Dieser enthält die erarbeiteten Beschlüsse oder Aktivitäten sowie Hinweise, wer welche Aufgaben bis wann zu erledigen hat und wer ihm ggf. dabei hilft. Damit wird für alle Teilnehmer nochmals dokumentiert, was bei der Sitzung erreicht wurde.

> Achten Sie darauf, dass in der Terminspalte nur realistische Zeitvorgaben eingetragen und in der Spalte „Wer tut was?" nur anwesende Personen genannt werden.

Maßnahmenplan

Besprechung vom:		Teilnehmer:			
Nr.	Beschluss / Ergebnis / Aktion	Wer	Mit wem	Termin	Kontrolle

Maßnahmenplan

Das Plakat für den Maßnahmenplan kann schon vor Beginn der Besprechung auf einem Flipchart oder einer Pinnwand vorbereitet werden

Blitzlicht

Ein Blitzlicht dient dazu, den bisherigen Verlauf der Sitzung zu reflektieren. Es verschafft Transparenz über die augenblickliche Stimmung in der Gruppe, über das Gruppenklima oder über die erzielten Arbeitsergebnisse. Jeder Teilnehmer erhält die Gelegenheit, etwas zu sagen (z. B. wie er sich fühlt, wie zufrieden er mit dem bisher Erreichten ist, wie er die Zusammenarbeit der Gruppe empfindet). Das Blitzlicht kann während des Gruppenprozesses eingesetzt werden (z. B. wenn der Moderator das Gefühl hat, dass die Gruppe „Dampf ablassen" möchte) oder als Schlussblitzlicht im Rahmen des abschließenden Feedbacks.

So gehen Sie vor:

▸ Formulieren Sie eine Frage und erläutern Sie die Spielregeln.

▸ Reihum bezieht jeder Teilnehmer mit einer kurzen persönlichen Aussage Stellung.

▸ Die Teilnehmer sprechen in der Ich-Form (Nicht: „Man ist mit dem Ergebnis nicht zufrieden", sondern: „Ich bin mit dem Ergebnis nicht zufrieden, weil …").

▸ Jeder spricht nur für sich; er darf sagen, was er möchte.

Blitzlichtthemen

▸ *„Mir geht es im Augenblick …"*

▸ *„Ich habe bei der heutigen Sitzung … empfunden."*

▸ *„Ich wünsche mir für künftige Sitzungen …"*

Die Äußerungen einer solchen Momentaufnahme werden nicht kommentiert; es wird nicht darüber diskutiert.

Einstiegshilfen

Ein gelungener Einstieg ist wichtig, ob es sich nun um die zweistündige Routinesitzung handelt, die in regelmäßigen Abständen stattfindet, oder um eine mehrtägige Veranstaltung.

Durch einen geschickt gewählten Einstieg, der die Teilnehmer schon zu Beginn der Sitzung zum Handeln oder Sprechen veranlasst, erkennen diese, dass sie aktiv am Geschehen beteiligt werden.

Der Moderator wählt in Abhängigkeit von der Dauer der Veranstaltung und je nach dem, wie gut die Teilnehmer untereinander bekannt sind, die geeignete Methode aus. Er hat dabei folgende Möglichkeiten:

▸ Vorstellungsrunde

▸ Paarinterview

▸ Gruppenspiegel

▸ Erwartungsabfragen

▸ Stimmungsbarometer

Vorstellungsrunde

Die einfachste und besonders häufig genutzte Methode ist die Vorstellungsrunde. Reihum stellen sich alle Anwesenden vor, wobei es entweder jedem freisteht, was er sagt, oder der Moderator die Themenstichworte vorgibt. Folgende Angaben sind möglich:

▸ Name, Vorname, Alter

▸ Betrieb/Abteilung

▸ Aufgabe/Funktion (Daraus können sich Rückschlüsse auf den Grund für die Teilnahme an der Sitzung ergeben.)

▸ Familienstand/Hobbys (Achtung: Niemand soll gezwungen werden, sich über private Dinge zu äußern.)

▸ Erwartungen/Wünsche an die Veranstaltung

Die Vorstellungsrunde hat den Vorteil, dass sie nicht vorbereitet werden muss und schnell durchgeführt werden kann (fünf bis zehn Minuten), da nichts visualisiert wird. Einen wesentlichen Nachteil haben Sie vielleicht selbst schon erlebt: Mancher Teilnehmer fühlt sich unwohl, wenn er weiß, dass er als Nächster an die Reihe kommt (und ein Vorredner gerade eine rhetorisch überzeugende Vorstellung geliefert hat). Diesem Problem kann man mit dem Wollknäuelspiel begegnen, wenn der erste Teilnehmer, der sich vorstellt, ein Wollknäuel in die Hand bekommt, das er nach Ende seiner Vorstellung einem anderen zuwirft.

Vorstellungsrunde im Unternehmen

Die Erfahrung zeigt, dass auch in Unternehmen, in denen manche Mitarbeiter schon jahrelang zusammenarbeiten, eine Vorstellungsrunde (vor allem die personenbezogenen Informationen) noch Überraschungen mit sich bringen kann.

Bei großen Gruppen kann es sich bei der Vorstellungsrunde als Nachteil erweisen, dass zu schnell zu viele Informationen geliefert werden.

Paarinterview

Eine Alternative zur Vorstellungsrunde ist das Paarinterview (Partner-Vorstellungsrunde). Dabei tritt anstelle der Einzelvorstellung ein kommunikatives Vorgehen. Es bilden sich Paare, die sich gegenseitig interviewen und vorstellen. Damit wird den Teilnehmern die für einige von ihnen unangenehme Aufgabe erspart, sich selbst zu präsentieren.

So gehen Sie vor:

▸ Erläutern Sie die Aufgabe, die Regeln und den Zeitrahmen.

▸ Es werden Paare gebildet, z. B. aus denjenigen,

– die sich am wenigsten kennen,

– die häufig miteinander zusammenarbeiten,

– die im Alphabet aufeinanderfolgen oder

– die gerade beieinanderstehen.

▸ Die Paare interviewen sich gegenseitig und lernen sich kennen.

▸ Die Antworten werden stichwortartig auf Plakaten notiert.

▸ Die Plakate werden anschließend im Plenum vorgestellt und für den Rest der Veranstaltung für alle sichtbar aufgehängt.

Die Fragen für die Interviews werden entweder vom Moderator auf einem Plakat vorgegeben oder gemeinsam mit der Gruppe formuliert. Folgende Informationen können erfragt werden:

▸ Name

▸ Funktion/Abteilung/Betrieb

▸ Wichtige berufliche Stationen/Lebensstationen

▸ Erfahrungen mit dem Thema der Veranstaltung

▸ Befürchtungen/Erwartungen für diese Veranstaltung

▸ Informationen aus dem persönlichen Bereich (Hobby, Traumberuf, Lebensmotto usw.)

> **!** Achten Sie darauf, dass maximal drei bis vier Einzelinformationen erfragt werden. Darunter sollte mindestens eine Information aus dem persönlichen/emotionalen Bereich sein.

Ein Nachteil des Paarinterviews ist der große Zeitaufwand. Deshalb sollte es nur zu Beginn mehrtägiger Veranstaltungen eingesetzt werden. Für die Interviews werden etwa

15–20 Minuten Zeit vorgegeben; die Auswertung sollte drei bis fünf Minuten pro Paar nicht übersteigen.

Gruppenspiegel

Der Gruppenspiegel (Kennenlern-Pinnwand oder -Matrix) ist eine visualisierte Teilnehmerliste. Sie wird am Anfang einer Sitzung eingesetzt, damit die Teilnehmer und der Moderator sich besser kennenlernen. Die Vorstellung durch einen Gruppenspiegel erfordert nur wenig Zeit, deshalb wird diese Methode gerne bei kürzeren Treffen mit kleinerer Teilnehmerzahl eingesetzt.

So gehen Sie vor:

▶ Bereiten Sie vor dem Eintreffen der Teilnehmer eine Kennenlern-Matrix an einer Pinnwand vor.

▶ Die Überschriften der verschiedenen Spalten sind auf die Gruppe und die Ziele der Veranstaltung ausgerichtet.

▶ Mindestens eine Spalte sollte die persönlichen und emotionalen Bereiche der Teilnehmer ansprechen. Anstelle des im dargestellten Beispiel gewählten Bereichs „Hobbys" kann auch nach dem Grund für die Teilnahme („Warum bin ich hier?"), nach persönlichen Eigenschaften („Stärken/Schwächen") oder ganz sachlich nach den Erwartungen an die Veranstaltung („Meine Erwartungen") gefragt werden.

▶ Erläutern Sie den Teilnehmern die Wand anhand Ihres bereits vorbereiteten eigenen Eintrags.

▸ Danach tragen sich alle Teilnehmer ein und stellen sich kurz vor.

Die Erfahrung zeigt, dass die Kennenlern-Pinnwand bei Teilnehmern, die sich nicht kennen, eine gute Hilfe ist, um schnell Gespräche (Kontakte) entstehen zu lassen und damit die Anfangsbarriere zu überwinden.

Teilnehmerliste

Name	Firma	Funktion	Hobbys
Ysabell Berner	Seminar AG	Trainerin	Sport
Christi Büchel	Fresh-Catering	Verkauf	Patchwork
Willy Moosberg	Spindel AG	Produktmanagement	Gärtnerei
Wolfgang Mentzel	C.H. Beck Verlag	Autor	Kochen
Ed Baga	CMUK	Werbegrafik	Oldtimer-KFZ
René Horninger	FeWo-Verband	Buchhaltung	Wandern

Gruppenspiegel

Erwartungsabfrage

Die Erwartungsabfrage bietet den Teilnehmern die Möglichkeit, ihre Erwartungen und ggf. Vorbehalte und Ängste hinsichtlich der bevorstehenden Zusammenarbeit zu artikulieren. Evtl. vorhandene Spannungen können dadurch abgebaut oder bearbeitet werden. Das Vertrauen und die Offenheit unter den Teilnehmern werden gefördert.

Die Erwartungsabfrage kann auch die Basis für die Vereinbarung von Spielregeln (vgl. auch S. 86) sein, in denen die Teilnehmer festlegen, wie sie miteinander umgehen.

Als Methoden für eine Erwartungsabfrage eignen sich

▶ die einfache Satzergänzung am Flipchart,

▶ die Einpunktabfrage oder

▶ eine Kartenabfrage.

Satzergänzung

Der Moderator schreibt einen unvollständigen Satz auf den Flipchart. Die Teilnehmer werden gebeten, den Satzanfang zu ergänzen.

Zu ergänzende Sätze

▶ *„Von der heutigen Veranstaltung erwarte ich, dass …"*

▶ *„Unsere Veranstaltung war erfolgreich, wenn wir …"*

Punktabfrage

Der Gruppe wird ein Plakat vorgegeben, auf dem eine Skala zur Einschätzung der persönlichen Erwartungen abgebildet ist. Die Teilnehmer geben mittels Klebepunkt ihr Votum ab.

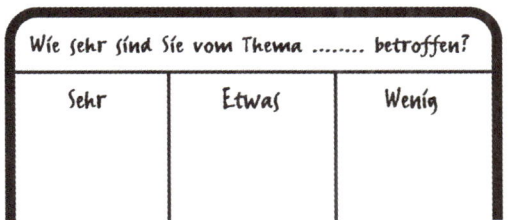

Erwartungsabfrage als Punktabfrage

Kartenabfrage

Die Teilnehmer beantworten mit Kärtchen eine an der Pinnwand vorgegebene Frage.

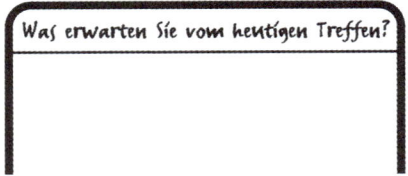

Erwartungsabfrage als Kartenabfrage

Stimmungsbarometer

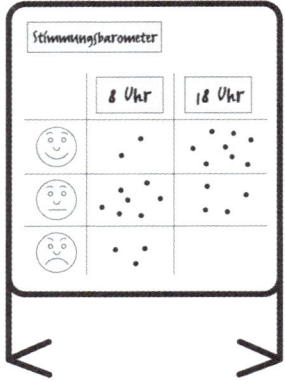

Stimmungsbarometer

Das Stimmungsbarometer ist eine Einpunktabfrage (vgl. S. 40) mit dem Ziel, die momentane Stimmung in der Gruppe zu erkunden. Es wird bei kurzen Moderationen als Einstiegshilfe eingesetzt, um die Teilnehmer schnell zu einer ersten Aktivität zu veranlassen. Das Stimmungsbarometer kann im Verlauf einer Moderation auch mehrmals abgerufen werden, um die Entwicklung der Stimmung zu verdeutlichen.

Am bekanntesten sind drei Gesichter, die eine gute, mittlere und schlechte Stimmung symbolisieren (vgl. letzte Abbildung). Andere Möglichkeiten sind eine Barometerskala oder eine Linie, die sich von „++" bis „– –" erstreckt.

So gehen Sie vor:

▸ Bereiten Sie ein Plakat mit einer Bewertungsskala vor.

▸ Die Teilnehmer erhalten je einen Klebepunkt und visualisieren damit ihre momentane Stimmung.

▸ Anschließend kann das erzielte Stimmungsbild besprochen werden.

Kreativitätstechniken

Kreativitätstechniken sind Methoden, um das kreative Potenzial einer Gruppe zu stimulieren. Die Kreativität der Gruppe soll durch die Aktivierung unterschiedlicher und oft auch ungewohnter Denkprozesse sowie durch die Kombination von Analyse und Intuition angeregt werden.

Ziele der Anwendung von Kreativitätstechniken sind

▸ die Steigerung der Kreativität einer Gruppe oder einzelner Personen,

▸ die Auflösung sogenannter Denkblockaden,

▸ das Auffinden origineller Lösungen für bisher unbekannte Probleme und

▸ die Förderung der Durchsetzung dieser Lösungen innerhalb des Unternehmens.

Brainstorming

Brainstorming liefert in kurzer Zeit eine große Zahl von Ideen, die zu völlig neuen Lösungsansätzen führen können.

Das Brainstorming läuft in zwei Phasen ab:

▸ In der kreativen Phase werden zu einer vorgegebenen Fragestellung von den Gruppenmitgliedern möglichst viele Ideen entwickelt. Dabei kommt es in erster Linie auf die Menge der Lösungsvorschläge an. Die Qualität wird zunächst nicht beachtet. Jede Kritik an einem geäußerten Vorschlag ist während der kreativen Phase verboten.

▸ In der Bewertungsphase werden die gesammelten Ideen strukturiert und bewertet.

Brainstorming eignet sich bei fast allen Problemlösungsprozessen, wenn möglichst schnell viele neue Ideen gefunden werden sollen.

So gehen Sie vor:

▸ Zunächst machen Sie die Gruppe mit den Regeln des Brainstormings vertraut. Die Grundregeln (siehe Kasten) müssen unbedingt eingehalten werden.

▸ Danach schreiben Sie das als Frage formulierte Problem auf oder helfen der Gruppe, die Frage zu formulieren.

▸ Vereinbaren Sie einen Zeitraum für die Ideenproduktion zwischen 10 und 20 Minuten.

▸ Lassen Sie sich die Ideen der Teilnehmer entweder zurufen oder von jedem auf Karten schreiben.

▸ Sammeln Sie sämtliche Ideen an einer Pinnwand oder auf einem Flipchart.

▸ Beenden Sie die Ideenproduktion nach der vorgesehenen Zeit.

Die Grundregeln des Brainstormings:

▸ genaue Formulierung der Frage (des Problems)

▸ keine Kritik oder Bewertung während der kreativen Phase

▸ Jede Idee, mag sie noch so ausgefallen sein, ist willkommen.

▸ Das Aufgreifen und Weiterentwickeln der Idee eines anderen ist erlaubt.

▸ Quantität geht bei der Ideensammlung (ausnahmsweise) vor Qualität.

In der Auswertungsphase werden die einzelnen Ideen bewertet und auf ihre Verwendbarkeit hin untersucht. Jetzt dürfen auch kritische Anmerkungen gemacht werden.

Die Auswertung kann im gemeinsamen Gespräch erfolgen, wobei über die Brauchbarkeit der erarbeiteten Ideen und ihre weitere Verwertung diskutiert wird. Um Endlosdiskussionen zu vermeiden, ist auch eine Clusterbildung (vgl. S. 45) und Punktbewertung (vgl. S. 39) möglich.

Darauf sollten Sie achten

▶ Die Grundregeln müssen unbedingt eingehalten werden. Teilnehmern, die mit der Methode nicht vertraut sind, fällt die konsequente Einhaltung des Kritikverbots oft schwer.

▶ Vermeiden Sie Zeitdruck während der kreativen Phase.

▶ Trennen Sie deutlich zwischen der Bewertungs- und der kreativen Phase (z. B. durch eine Pause), damit die Teilnehmer abschalten können.

Mind Mapping

Die Mind-Map-Methode ist eine assoziative Vielzwecktechnik, durch die das bildlich-räumliche Denken aktiviert wird. Ausgehend von einem zentralen Begriff werden komplexe Themen vorstrukturiert. Die Methode ist bei der Themenbearbeitung im Rahmen einer Moderation vielseitig einsetzbar. Sie wirkt als eine Art Initialzündung und liefert Denkanstöße.

Mind Mapping eignet sich zur Vertiefung eines Themas, um Aufbaustrukturen und Beziehungen zu verdeutlichen sowie zur Sammlung von Ideen.

> Mind Mapping ist gut geeignet, um bereits zu Beginn eines Projekts einen ersten Überblick zu erhalten, an welche Teilaspekte gedacht werden muss und wie diese strukturiert werden können.

Die Mind-Map-Methode führt schnell zu einer übersichtlichen und anschaulichen Gliederung. Das Denken in Zusammenhängen wird gefördert.

So gehen Sie vor:

Wenn wir uns mit einem Problem beschäftigen, entwickelt unser Gehirn zumeist viele Lösungen (Ideen), die jedoch nicht strukturiert sind und schnell wieder verloren gehen. Mind Maps halten diese Lösungen in Schlüsselwörtern fest und ordnen sie gleichzeitig. Dabei werden die Möglichkeiten des Gehirns optimal genutzt, da die linke (digitale, rationale) und rechte (bildhafte, analoge) Gehirnseite in ständigem Wechsel zum Einsatz kommen.

Das Grundmuster einer Mind Map ist einfach: Ausgangspunkt ist ein Kreis in der Blattmitte, der das Thema enthält. Von diesem Kreis gehen Verzweigungen (sog. Äste) aus, die das Thema in einzelne Bereiche untergliedern und auffächern. Von den Ästen gehen wiederum Zweige und von diesen Nebenzweige ab. An den Ästen, Zweigen und Nebenzweigen werden die jeweiligen Gedanken durch Stichworte (Schlüsselwörter) vermerkt. Bei den Schlüsselwörtern handelt es sich in der Regel um einfache Substantive, durch die die Assoziation zu den Gedankenbildern hergestellt wird.

Die wichtigsten Regeln der Mind-Map-Methode

▸ Malen Sie in die Mitte eines Plakats einen Kreis, in dem stichwortartig das Thema bzw. die Ausgangsfrage steht. Auch eine bildliche Darstellung ist möglich.

▸ Bitten Sie die Gruppe, das Schema durch Zuruf zu ergänzen und visualisieren Sie die Zurufe auf dem Plakat.

▸ Achten Sie darauf, dass zunächst einige Hauptpunkte gesucht und auf den Ästen angeschrieben werden.

▸ Wenn die wichtigsten Hauptpunkte gefunden sind, werden für jeden von ihnen Teilaspekte und für diese weitere Teilaspekte auf Zweigen und Nebenzweigen gesammelt.

▸ Auf diese Weise entwickeln Sie das Bild von innen nach außen.

▸ Auf jeder Linie darf nur ein Begriff oder Stichwort stehen.

▸ Halten Sie die Gedanken nur in Stichworten fest.

▸ Als Ordnungsprinzip gilt „vom Allgemeinen zum Speziellen".

▸ Durch Symbole oder Bilder kann die Anschaulichkeit erhöht werden.

Darauf sollten Sie achten

Wie bei allen Kreativitätstechniken darf auch beim Mind Mapping nicht zu lange nachgedacht werden; Logik ist (zunächst) nicht gefragt. Sammeln Sie, was den Gruppenmitgliedern in den Sinn kommt; die Auswertung erfolgt später.

Als Beispiel für eine Mind Map finden Sie in der nachfolgenden Abbildung die Gliederung dieses Buches.

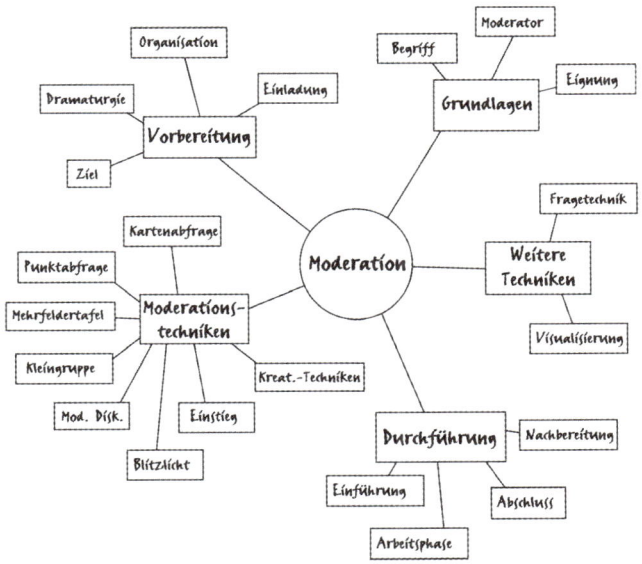

Mind Map

Auf den Punkt gebracht

▸ Für die verschiedenen Phasen einer Moderation gibt es geeignete Techniken, die sich zum Sammeln, Strukturieren oder Bearbeiten von Themen und zur Entscheidungsfindung eignen.

▸ Einstiegsübungen wie Paarinterview, Gruppenspiegel oder Erwartungsabfragen beteiligen die Teilnehmer sofort aktiv am (Sitzungs-)Geschehen und fördern das Gruppenklima.

▸ Kartenabfrage und Zurufabfrage sind einfache Techniken zum Sammeln von Ideen oder Lösungsansätzen, während Mehrpunktabfragen demokratische Abstimmungsformen zur Ergebnisbewertung und Prioritätensetzung sind.

▸ Die Kleingruppenarbeit ist die effizienteste Form, um abgegrenzte Themen detailliert zu bearbeiten. Die wichtigsten Arbeitsformen bei der Kleingruppenarbeit sind Kartenabfragen, Mehrfeldertafeln und Brainstorming.

Durchführung einer Moderation

Eine Moderation gliedert sich typischerweise in drei Phasen:

▸ In der Einführungsphase geht es darum, eine Beziehung zur Gruppe herzustellen und die richtige Atmosphäre für die weitere Arbeit zu schaffen.

▸ In der Diskussions- oder Arbeitsphase wird das eigentliche Problem (Thema) entsprechend dem zuvor vereinbarten Ablaufplan bearbeitet.

▸ Die Abschlussphase dient der Reflexion der vorangegangenen Arbeit. Es wird geklärt, ob die persönlichen Erwartungen erfüllt und die inhaltlichen Ziele erreicht wurden.

Ergänzend wird der perfekte Moderator die abgelaufene Sitzung für sich selbst in einer Nachbereitungsphase reflektieren.

Einführungsphase

Planen Sie für diese Phase genügend Zeit ein. Die spätere Sacharbeit wird nur erfolgreich sein, wenn eine stabile Beziehungsebene existiert. Fehlt dieser Schritt, werden die Teilnehmer ihn später nachholen müssen. Die Erfahrung zeigt, dass eine zu kurze oder fehlende Beziehungsklärung zu Störungen bei der späteren Sacharbeit führt.

Außerdem muss die weitere Vorgehensweise mit den Teilnehmern abgestimmt werden.

Eine vollständige Einführungsphase umfasst folgende Teilaufgaben:

▸ Eröffnung, Begrüßung und gegenseitige Vorstellung

▸ Sachliche Einführung in das Thema

▸ Ziel(e) klären/festlegen

▸ Ablaufplan vereinbaren

▸ Moderationsmethode vorstellen, falls erforderlich

▸ Entwurf einer Tagesordnung, falls erforderlich

▸ Spielregeln für den Umgang miteinander vereinbaren

Dieser umfassende Katalog gilt vor allem für mehrtägige Veranstaltungen. Bei einer Kurzmoderation (z. B. die sich regelmäßig wiederholende, etwa zwei Stunden dauernde monatliche Besprechung) entfallen einige Schritte.

Begrüßung und Vorstellung

Die Begrüßung kann kurz und sachlich gehalten werden. Wenn der Moderator den Teilnehmern nicht bekannt ist, sollte er sich kurz vorstellen. Falls sich die Teilnehmer nicht kennen, sollten auch sie sich miteinander bekannt machen. Dafür gibt es verschiedene Möglichkeiten:

▸ Bei der traditionellen Form erklärt jeder Teilnehmer mit wenigen Worten, wer er ist und weshalb er an dieser Veranstaltung teilnimmt.

▸ Methodengerechter ist eine visualisierte Teilnehmerliste (Gruppenspiegel, vgl. S. 69).

Der Gruppenspiegel (Kennenlern-Pinnwand) hat den zusätzlichen Vorteil, dass jeder Teilnehmer sofort aktiv wird. Eine andere beliebte Möglichkeit, um die Anwesenden schnell aktiv zu beteiligen, ist ein Stimmungsbarometer (vgl. S. 72).

Themen und Ziele klären

Wenn Thema (Themen) und Ziel (Ziele) bereits feststehen, werden sie vom Moderator nochmals genannt, um die Gedanken der Teilnehmer darauf einzustimmen. Bei regelmäßig wiederkehrenden Sitzungen (z. B. die wöchentliche Abteilungsbesprechung) kann es notwendig werden, dass sich die Gruppe zunächst über die zu behandelnden Themen verständigt und eine Tagesordnung erstellt.

Moderationsmethode vorstellen

Wenn die Teilnehmer keine oder wenig Erfahrung mit der Moderationstechnik haben, wird der Moderator als Nächstes die Methode kurz vorstellen. Dabei kann er auch auf seine eigene Rolle, besonders seine Neutralität in Sachfragen, eingehen.

> Spätere Missverständnisse können verhindert werden, wenn die Teilnehmer von Anfang an über die Rolle und Aufgaben des Moderators Bescheid wissen. **!**

Soweit erforderlich, werden auch organisatorische Dinge (Zeitplan, Pausen, Ende der Veranstaltung) geklärt. In den meisten Fällen sind dem Moderator das Thema und die

Ziele bereits bekannt, sodass er seine weitere Vorgehensweise vorbereiten konnte. Durch Bekanntgabe des Ablauf-
plans erhalten die Teilnehmer die Möglichkeit, sich auf die
verschiedenen Arbeitsschritte einzurichten.

Erarbeiten einer Tagesordnung

In vielen Besprechungen sind die „heißen Eisen" unter dem
nichtssagenden Tagesordnungspunkt „Verschiedenes" versteckt. Das hat den Nachteil, dass die Teilnehmer sich nicht
auf diese Punkte vorbereiten können. Außerdem wird in
diesem Fall die vorgesehene Besprechungszeit zumeist
überzogen.

Tagesordnung		
Themen	Reihenfolge	Ca. Zeit
Einführung der neuen Arbeitszeitregelung		
Fehlerquote in der Produktionslinie A		

Tagesordnung

Teilweise lassen sich diese Probleme durch eine umfassende, aussagekräftige Tagesordnung mit Zeitangaben für die
einzelnen Punkte lösen. Es ist aber nicht auszuschließen,
dass die Teilnehmer „aktuelle Probleme" in die Sitzung
mitbringen. In solchen Fällen kann die Moderationsmetho-

de auch zur gemeinsamen Erarbeitung einer Tagesordnung eingesetzt werden. Dafür bereitet der Moderator eine Pinnwand nach dem oben dargestellten Muster vor.

Die feststehenden Tagesordnungspunkte sind bereits in die Liste aufgenommen. Die Teilnehmer machen zu Beginn der Sitzung Vorschläge für weitere Tagesordnungspunkte. Diese werden in die freien Zeilen eingetragen. In einer Kurzdiskussion verständigen sich die Anwesenden auf die für die einzelnen Punkte voraussichtlich benötigte Zeit. Durch die Festlegung von Zeitvorgaben wird die spätere Bearbeitung beschleunigt. Die Behandlungsreihenfolge kann ebenfalls in mündlicher Abstimmung oder durch Punktbewertung festgelegt werden. Die Pinnwand wird um die vereinbarten Zeiten und die Reihenfolge der zu behandelnden Punkte ergänzt.

Auf den Punkt gebracht

▸ Sorgen Sie für schnelle Anfangskontakte in der Gruppe.

▸ Stellen Sie sich selbst vor und lassen Sie die Gruppenmitglieder sich vorstellen.

▸ Verständigen Sie sich mit der Gruppe auf ein von allen akzeptiertes Ziel.

▸ Informieren Sie die Teilnehmer rechtzeitig über Ihre Rolle, insbesondere Ihre Neutralität in Sachfragen.

Weshalb Spielregeln so wichtig sind

Zu den Aufgaben des Moderators gehört es, zu Beginn oder im Verlauf einer Sitzung mit den Teilnehmern einige (Spiel-)Regeln für den Umgang miteinander zu vereinbaren.

> Regeln sind Normen, durch die die Arbeit in der Gruppe erleichtert und die zwischenmenschliche Verbundenheit gefördert wird.

Für die Formulierung von Spielregeln gibt es zwei Möglichkeiten:

▸ Sie werden zu Beginn einer Sitzung vereinbart. Dabei schlägt entweder der Moderator einige Regeln vor und bittet die Gruppe um Zustimmung oder die Gruppe erarbeitet die Regeln gemeinsam. Wenn sich die Gruppe auf einige Regeln verständigt hat, werden diese sofort eingeführt und für die Dauer der Sitzung im Arbeitsraum visualisiert. Bei Regelverstößen können entweder der Moderator oder einzelne Teilnehmer auf die sichtbar dargestellten Regeln hinweisen.

▸ Sie werden erst während der Sitzung vereinbart wenn durch konkrete Probleme Bedarf entsteht (Dauerredner, Missachtung der Meinung des anderen, Abweichung vom Thema).

Ich persönlich ziehe die erste Variante vor, denn dadurch müssen Sie niemanden vor den Kopf stoßen, weil sein Beitrag Anlass für die Formulierung von Spielregeln war. Folgende Regeln werden in der Praxis besonders häufig vereinbart:

Störungen haben Vorrang

Um eine dauerhafte Beeinträchtigung der Sitzung zu verhindern, sollten Störungen (Ärger, Vorbehalte, Uneinigkeit,
Hunger, Müdigkeit usw.) immer sofort behandelt und
behoben werden. Nicht bearbeitete Störungen verhindern
oder verfälschen die Problemlösungen und lassen keine
konstruktive Arbeit zu. Hinweise auf Störungen können
vom Moderator und den Teilnehmern ausgehen.

Die Behandlung von Störung kann wie folgt ablaufen:

▸ Die Störung wird benannt,

▸ es wird ein Vorschlag oder die Bitte um Vorschläge zur
  Beseitigung der Störung unterbreitet,

▸ die Gruppe stimmt einem Lösungsvorschlag zu.

Umgang mit einer Störung

*Moderator: „Ich habe den Eindruck, dass wir alle ein kleine
Pause nötig haben. Sind Sie damit einverstanden, dass wir
für eine Viertelstunde unterbrechen?" Die Gruppe stimmt zu.*

„Ich" statt „man"

Jeder Teilnehmer spricht nur für sich. Halten Sie die Anwesenden deshalb dazu an, in der Ich- und nicht in der unper-
sönlichen Man-Form zu sprechen. Wer die Man-Form verwendet, versteckt sich hinter Verallgemeinerungen. Ein Ich-
Sprecher dagegen steht zu seiner Aussage und übernimmt
die Verantwortung dafür. Dadurch gewinnt das Gesagte
an Authentizität.

> **„Man" vs. „Ich"**
>
> *Nicht:* „Darüber sollte man abstimmen."
>
> *Sondern:* „Ich bin der Meinung, dass wir darüber abstimmen sollten."

Jeder spricht für sich

Diese Regel hängt mit der vorhergehenden zusammen. Jeder Teilnehmer spricht ausschließlich in seinem Namen und verzichtet auf Interpretationen. Auch dadurch wird die Kommunikation authentischer und klarer, der Umgang miteinander ehrlicher und leichter. Es wird also nicht davon gesprochen, was andere gedacht, gemeint oder empfunden haben, sondern jeder spricht lediglich über das, was er selbst erlebt hat.

Fragen statt sagen

Fordern Sie die Teilnehmer auf, Fragen zu stellen. Fragen setzen die Kommunikation in Gang. Fragen müssen gestellt werden, damit keine Unklarheiten bleiben. Bedürfnisse, Meinungen und Ziele sollen sichtbar werden. Vertrauen muss geweckt werden, um gemeinsames Handeln zu ermöglichen. Deshalb sollten die Beteiligten alles, was sie wissen müssen, auch erfragen dürfen.

Sich kurz fassen

Zeit ist kostbar. Wenn jeder Teilnehmer zu Wort kommen soll, müssen Beiträge kurz gefasst und deshalb Prioritäten gesetzt werden. Detailwissen verleitet dazu, es auch auszubreiten. Wenn die Beiträge einzelner Teilnehmer so lang werden, dass der Fortgang der gemeinsamen Arbeit dadurch behindert wird, ist es angebracht, dies zu thematisieren (Störung vgl. oben). Besser ist es, bereits zu Beginn der Sitzung zu vereinbaren, dass kein Wortbeitrag länger als 30 Sekunden dauern darf (30-Sekunden-Regel). Außerdem sollte auf Wiederholungen verzichtet werden.

> Um die Gruppe nicht zu überfordern, sollten sich die Spielregeln auf wenige, unverzichtbar erscheinende Vorgaben beschränken. Weitere Regeln, können bei Bedarf, also bei einer entsprechenden Störung, ergänzend eingeführt werden.

Weitere mögliche Spielregeln sind:

▸ Es spricht immer nur einer. (Wenn mehrere Personen auf einmal sprechen wollen, muss eine Lösung für diese Situation gefunden werden.)

▸ Zuhören und andere ausreden lassen.

▸ aktiv mitarbeiten

▸ Ideen anderer können aufgegriffen und weiterentwickelt werden.

▸ Toleranz gegenüber anderen Meinungen, Fairness bei Kritik, keine persönlichen Angriffe, keine „Killerphrasen"

▸ kurze Begründung von Rückfragen

Begründen einer Rückfrage

„Würden Sie diesen Vorschlag an einem Beispiel erläutern? Ich kann bisher noch keine Eignung für unser Problem erkennen."

▸ Beiträge sind nicht richtig oder falsch, sondern die subjektive Meinung des Partners.

▸ Rückfragen sind keine Kritik, sondern dienen lediglich der Klärung.

▸ Butler-Regel (Jeder hilft jedem.)

▸ Pausen nach Bedarf und Arbeitsfortschritt

Moderation ist kein starres System von Methoden und Techniken. Sie wird nur erfolgreich sein, wenn der Moderator gruppenspezifisch und situationsbezogen die jeweils passenden Methoden und Regeln einsetzt.

Auf den Punkt gebracht

Spielregeln erleichtern und fördern die Zusammenarbeit in der Gruppe. Sie werden entweder gemeinsam erarbeitet oder vom Moderator situationsbezogen vorgeschlagen. Spielregeln werden nur verbindlich, wenn die Gruppe zustimmt. Zu den wichtigsten Regeln zählen die vorrangige Behandlung von Störungen, die Ich-Aussage und die zeitliche Begrenzung von Wortbeiträgen.

Arbeitsphase

In der Arbeitsphase wird das Problem entsprechend dem zuvor vereinbarten Ablaufplan bearbeitet. Dabei werden folgende Arbeitsschritte unterschieden, die je nach Thema mehrmals durchlaufen werden:

▸ Themen sammeln und ordnen

▸ Themen bewerten

▸ Problembearbeitung

▸ Sichten und Bewerten der Ergebnisse

▸ Planen von Aktivitäten

Themen sammeln und ordnen

Bei diesem ersten inhaltlichen Arbeitsschritt verschaffen sich der Moderator und die Teilnehmer einen Überblick, welche Probleme bearbeitet werden sollen. Das geschieht mit einer vom Moderator vorbereiteten und an der Pinnwand visualisierten Einstiegsfrage, die von den Teilnehmern durch eine Kartenabfrage (vgl. S. 43) beantwortet wird.

Alle beschrifteten Karten werden vom Moderator eingesammelt und nach zusammengehörenden Themengruppen geordnet. Dabei gibt es zwei Möglichkeiten:

▸ Beim Einsammeln werden Karten, die thematisch zueinander passen, sofort zu Themengruppen zusammengefasst. Diese Vorgehensweise eignet sich bei kleinen Arbeitsgruppen.

▸ Die Karten werden zunächst in willkürlicher Anordnung an die Pinnwand geheftet und in einem nächsten Schritt vom Moderator in Abstimmung mit den Teilnehmern zu passenden Gruppen zusammengefasst.

> Achten Sie darauf, dass alle Karten verwendet werden, auch wenn manche Karten mit identischen oder mit sehr ähnlichen Begriffen beschrieben sind.

Jede Themengruppe erhält einen Oberbegriff und wird in eine Themenliste (Themenspeicher – vgl. S. 48) an der Pinnwand oder auf einen Flipchart übertragen.

Themen bewerten (auswählen)

Im nächsten Schritt müssen bei dem so entstandenen Themenspeicher Prioritäten gesetzt werden. Die Gruppe entscheidet, welche Themengruppen weiterbearbeitet werden und in welcher Reihenfolge dies geschehen soll. Dazu formuliert der Moderator eine für alle Teilnehmer verständliche Bewertungsfrage, die von ihnen durch eine Punktbewertung (Mehrpunktabfrage, vgl. S. 42) beantwortet wird. Durch Auszählung der Punkte wird die Reihenfolge der Themen für die weitere Bearbeitung festgelegt.

Problembearbeitung

In dieser Stufe beginnt die eigentliche Arbeit am Problem. Die Themen werden gemäß der vorher festgelegten Reihenfolge bearbeitet. Die Teilnehmer setzen sich intensiv mit den Problemen auseinander. Dabei hat sich ein Wechsel zwischen Plenum und Kleingruppenarbeit bewährt.

Der Moderator bestimmt die Dauer der Kleingruppenarbeit und formuliert eine eindeutige Arbeitsfrage. Die Gruppenarbeit dauert je nach Schwierigkeitsgrad des Themas 30 bis 60 Minuten. Während der Themenbearbeitung bleibt die Kleingruppe sich selbst überlassen. Der Moderator greift allenfalls zur Zeitsteuerung ein oder gibt methodische Ratschläge, wenn die Gruppe das wünscht. Allerdings sollte die Gruppe wissen, wo sich der Moderator befindet, falls Fragen auftauchen und Hilfe benötigt wird.

Sichten und Bewerten der Ergebnisse

Nach Abschluss der Gruppenarbeit werden die Ergebnisse jeder Kleingruppe im Plenum präsentiert. Fünf Minuten sollten für die Präsentation ausreichen. Dabei werden entweder die bereits fertigen Pinnwände erläutert oder ein Gruppenmitglied trägt die Ergebnisse vor und ein anderes heftet gleichzeitig die jeweiligen Karten an die Pinnwand. Auch Einzelmeinungen werden vorgetragen.

Das Plenum nimmt Stellung; die Zuhörer schreiben Gedanken und Anregungen während der Präsentation auf Kärtchen, die ebenfalls angeheftet werden. Dabei gilt es, Widersprüche und Gemeinsamkeiten zu verdeutlichen und zu prüfen, wie weit das Thema unter einer neuen Fragestellung vertiefend bearbeitet werden kann. Je nach Komplexität des Themas und je nach Ziel, kann nun auf höherem Niveau eine weitere Phase der Gruppenarbeit folgen.

Wenn alle Kleingruppen ihre Ergebnisse präsentiert haben, liegt es am Moderator, auf der Basis der Gruppenergebnisse den nächsten Arbeitsschritt vorzubereiten (Themenkatalog, erneute Kleingruppenarbeit).

Planen von Aktivitäten/Maßnahmenplan

Im letzten Schritt der Arbeitsphase erstellt die Gesamtgruppe einen Maßnahmenplan (vgl. S. 63). Der Moderator achtet darauf, dass alle beschlossenen Maßnahmen konkret und eindeutig formuliert werden und umsetzbar sind.

Das Plakat für den Maßnahmenplan kann schon vor Sitzungsbeginn vorbereitet werden, sodass auch Maßnahmen, die bereits vor Abschluss der Arbeitsphase beschlossen werden, sofort übernommen werden können.

Ablauf einer moderierten Besprechung

Vorgeschichte:
Ein Dienstleistungsunternehmen mit ca. 500 Mitarbeitern möchte als Baustein in einem Konzept der Personalentwicklung die regelmäßige Mitarbeiterbeurteilung einführen. Weil ein zu einem früheren Zeitpunkt eingeführtes Beurteilungsverfahren gescheitert ist, bestehen Bedenken, ob bei der Belegschaft die notwendige Akzeptanz für ein neues Verfahren zu erreichen ist. Das frühere Verfahren ist u. a. an der viel zu großen Anzahl von 35 Beurteilungskriterien gescheitert. Außerdem haben sich viele Mitarbeiter über schlecht oder gar nicht geführte Beurteilungsgespräche beklagt.

Für die Gestaltung des neuen Verfahrens ist der Personalleiter in Zusammenarbeit mit dem Betriebsrat zuständig. In ersten Gesprächen haben sich Personalleiter und Betriebsrat bereits darauf verständigt, künftige Burteilungen nach dem Einstufungsverfahren zu gestalten. Dabei wird dem Beurteilenden eine begrenzte Zahl von Beurteilungskriterien vorgegeben, die anhand einer ebenfalls vorgegebenen Skalierung bewertet werden sollen.

Um die früheren Fehler zu vermeiden und die Akzeptanz zu steigern, sollen auch die Betroffenen, d. h. sowohl die künftigen Beurteiler als auch die zu Beurteilenden beteiligt werden. Dazu wird eine Projektgruppe gebildet mit dem Auftrag, im Rahmen der bereits bestehenden Vorgaben weitere Vorschläge für die Gestaltung des künftigen Verfahrens zu erarbeiten. Auf der Basis dieser Vorschläge soll dann der Personalleiter zusammen mit dem Betriebsrat die endgültige Ausgestaltung des neuen Verfahrens übernehmen.

Die Projektgruppe setzt sich aus dem Personalleiter, zwei weiteren Mitarbeitern der Personalabteilung, zwei Betriebsratsmitgliedern und fünf weiteren Mitgliedern aus verschiedenen Unternehmensbereichen zusammen. Einige Gruppenmitglieder haben sich in der Vergangenheit als harte Kritiker des damaligen Beurteilungssystems hervorgetan.

Zunächst ist ein eintägiges Treffen geplant. Leiter der Projektgruppe ist der Personalleiter, der jedoch wegen seiner Beteiligung am Sachthema ein anderes Gruppenmitglied beauftragt, die Sitzung unter Einsatz der Moderationsmethode zu gestalten.

Der Moderator übernimmt alle Vorbereitungsarbeiten. Die Gruppe trifft sich außerhalb des Betriebs in einem Seminarhotel. Alle erforderlichen Moderationsmaterialien sind vorhanden.

Einführungsphase:
Die Begrüßung und eine kurze Einführung in das Thema übernimmt der Personalleiter. Er geht kurz auf die Vorgeschichte ein und begründet dann, warum trotz der schlechten Erfahrungen eine regelmäßige Beurteilung der Mitarbeiter für notwendig erachtet wird. Danach übergibt er die Leitung der Sitzung an den vorgesehenen Moderator.

Da sich die Gruppenmitglieder alle kennen, erübrigt sich eine Vorstellung. Der Moderator beginnt deshalb mit einer Erwartungsabfrage. Er lässt folgende Frage beantworten: „Was erwarten Sie von der heutigen Veranstaltung?" Mit dieser ersten Abfrage will der Moderator alle Teilnehmer schnell in das Geschehen einbinden und ein erstes Bild über die Einstellung der Gruppe erhalten. Danach wird das Ziel des Treffens vom Moderator wie folgt formuliert und visualisiert: „Vorschläge für die Neugestaltung des künftigen Verfahrens zur Mitarbeiterbeurteilung". Die Gruppe ist mit diesem Ziel einverstanden.

Arbeitsphase:

Die Arbeit am Thema beginnt mit einer Kartenabfrage zu der vom Moderator auf einer Pinnwand vorbereiteten Frage: „Was muss bei einem neuen Beurteilungsverfahren alles beachtet werden?"

Die von den Teilnehmern geschriebenen Antwortkarten werden vom Moderator in Abstimmung mit der Gruppe zu Themengruppen zusammengefasst:

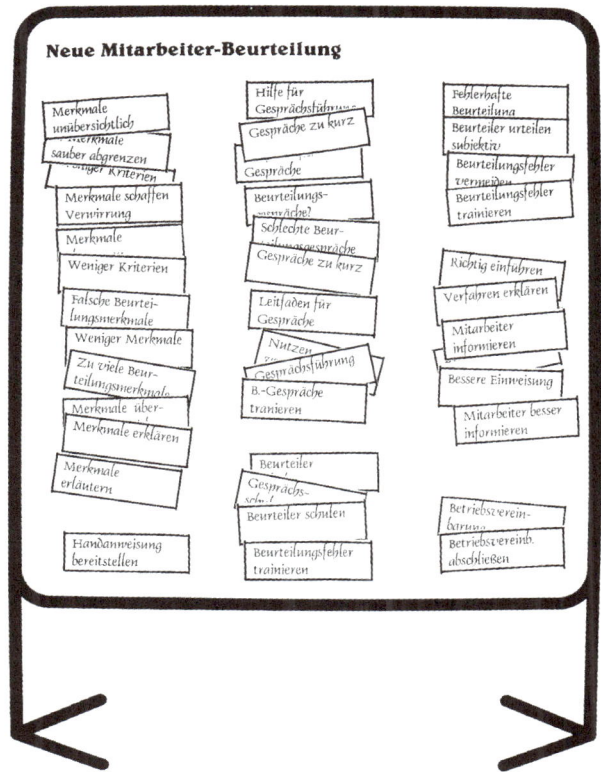

Clustern nach einer Kartenabfrage

Die Cluster werden mit Obergriffen versehen und auf einen bereits vorbereiteten Themenspeicher übertragen:

Themenspeicher: Neue Mitarbeiterbeurteilung		
Welche Beurteilungsmerkmale werden aufgenommen?		
Was soll in eine Handanweisung aufgenommen werden?		
Wie können bessere Beurteilungs- gespräche geführt werden?		
Was muss die Schulung der Beurteiler umfassen?		
Wie wird das Verfahren eingeführt?		
Wie lassen sich Beurteilungsfehler vermeiden?		
Entwurf einer Betriebsvereinbarung		

Themenspeicher: Neue Mitarbeiterbeurteilung

Die Themen „Entwurf einer Betriebsvereinbarung" und „Handanweisung" werden nach kurzer Diskussion direkt in einen bereits vorbereiteten Maßnahmenplan übernommen. Die Betriebsvereinbarung soll vom Personalleiter in Zusammenarbeit mit dem Betriebsrat entworfen werden. Über eine Handanweisung kann erst verbindlich diskutiert werden, wenn das künftige Beurteilungssystem steht.

Damit verbleiben fünf Themen, über deren weitere Bearbeitung durch eine Punktbewertung (jeder Teilnehmer erhält drei Punkte) entschieden wird. Es ergibt sich folgende Reihenfolge:

▸ *Welche Beurteilungskriterien werden aufgenommen?*

▸ *Wie wird das Verfahren eingeführt?*

▸ *Was muss die Schulung der Beurteiler umfassen?*

▸ *Wie können Beurteilungsgespräche verbessert werden?*

▸ *Wie lassen sich Beurteilungsfehler vermeiden?*

Ein Gruppenmitglied weist darauf hin, dass eine bessere Gesprächsführung bei Beurteilungsgesprächen und die Vermeidung von Beurteilungsfehlern doch vor allem durch Training erreicht werden können. Beide Themen werden deshalb dem Thema „Schulung künftiger Beurteiler" zugeschlagen.

Damit bleiben zur weiteren Bearbeitung noch die drei Themen „Beurteilungskriterien", „Einführung des neuen Verfahrens" und „Schulung der Beurteiler" übrig. Der Moderator schlägt vor, diese Themen jeweils parallel in Kleingruppen zu bearbeiten.

In einer ersten Runde bilden sich zwei Kleingruppen, die gleichzeitig das höchstbewertete Thema „Beurteilungskriterien" bearbeiten. Beide Gruppen arbeiten mit einer Kartenabfrage („Welche Kriterien sollen aufgenommen werden?") und Punktbewertung. Nach Abschluss der Bearbeitungszeit präsentieren beide Gruppen ihre Ergebnisse: Eine Gruppe schlägt zehn Kriterien vor, die für alle Beurteilungen gelten sollten. Die andere Gruppe schlägt acht Kriterien vor, die für alle Beurteilungen gelten sollten, und zusätzliche fünf Kriterien für Mitarbeiter mit Führungsverantwortung.

Da einige Kriterien von beiden Gruppen genannt wurden, bleiben nach der Zusammenfassung 14 Kriterien, die für alle Mitarbeiter gelten sollten, und die fünf Kriterien für Mitarbeiter mit Führungsverantwortung.

Nach einer kurzen gemeinsamen Diskussion über die Abgrenzung und Messbarkeit der Kriterien werden schließlich durch eine weitere Punktbewertung zehn Kriterien ausgewählt, die für alle Mitarbeiter gelten sollten, und zusätzlich drei Kriterien für Mitarbeiter mit Führungsverantwortung.

Dieses Ergebnis wird in den Maßnahmenplan zur weiteren Verwendung bei der Gestaltung des Beurteilungssystems übernommen.

In ähnlicher Weise werden die beiden noch im Themenspeicher verbliebenen Themen „Schulung der Beurteiler" und „Einführung des Verfahrens" bearbeitet. Auf eine detaillierte Darstellung dieses Arbeitsschritts sowie der Abschlussphase wird hier verzichtet.

Auf den Punkt gebracht

Strukturieren Sie die Arbeitsphase nach dem Schema: Themen sammeln, ordnen, bewerten – Problem bearbeiten – Ergebnisse bewerten – Aktivitäten planen.

Die Gruppe entscheidet, welche Themen bearbeitet werden sollen. Der Moderator bleibt auch bei der Kleingruppenarbeit nur der methodische Helfer.

Die in den Maßnahmenplan übernommenen Aufgaben müssen konkret formuliert und umsetzbar sein. Zudem dürfen darin nur anwesende Personen mit der Durchführungsverantwortung betraut werden.

Abschlussphase und Nachbereitung

Am Ende der Sitzung stellt der Moderator noch einmal kurz den Gesamtverlauf mit den wichtigsten Arbeitsschritten und Ergebnissen der Moderation dar. Diese Abschlusspräsentation sollte auf keinen Fall länger als fünf bis acht Minuten dauern, da die Teilnehmer sonst die Geduld verlieren!

Der Moderator klärt mit dem Auftraggeber und der Arbeitsgruppe, ob und in welchem Umfang er an der Umsetzung beteiligt ist.

Feedback

Die Gruppenmitglieder sollten zum Schluss noch einmal die Möglichkeit erhalten, etwas zu sagen, um sich innerlich von den Moderationsthemen und den anderen Teilnehmern zu verabschieden. Geben Sie der Gruppe zum Abschluss die Möglichkeit, durch ein Feedback zu äußern, wie sie den Verlauf und das Klima der Sitzung erlebt haben, ob die Erwartungen erfüllt wurden und wie zufrieden sie mit den erreichten Ergebnissen sind.

Nutzen Sie die Chance einer gemeinsamen Reflexion. Ein solches Feedback ist ein Instrument für eine ständige Weiterentwicklung der Kommunikationskultur und der Zusammenarbeit im Team.

Zur Gestaltung der Feedbackrunde stehen Ihnen mehrere Möglichkeiten zur Verfügung:

▶ das Blitzlicht,

▶ die Einpunktabfrage,

▶ das Stimmungsbarometer.

Mit einem Blitzlicht (vgl. S. 64) erfassen sie die gegenwärtige Stimmung (z. B. Überforderung, Ärger, Müdigkeit) und erhalten Hinweise über mögliche Veränderungen für künftige Sitzungen.

Blitzlicht

Eine von allen Teilnehmern reihum zu beantwortende Frage könnte lauten: „Wie geht es mir jetzt und was wünsche ich mir für künftige Treffen?"

Durch eine Einpunktabfrage können Sie die Zufriedenheit der Teilnehmer erfragen.

Einpunktabfrage

„Wie zufrieden sind Sie mit dem Ergebnis unserer Sitzung?" Die Bewertungsskala kann sich von „sehr zufrieden" (++) bis „unzufrieden" (– –) erstrecken.

Ein Stimmungsbarometer informiert in lockerer Form über die Stimmung am Ende der Sitzung. Falls es schon am Beginn der Veranstaltung eingesetzt wurde, kann das Plakat so vorbereitet werden, dass auch für die Abschlussbewertung bereits Raum vorgesehen ist.

Die Veranstaltung wird mit einem Dank an die Teilnehmer für ihre konstruktive Mitarbeit und einer geeigneten Verabschiedung geschlossen.

Dokumentation

Als Moderator sind Sie auch für die Dokumentation der erarbeiteten Ergebnisse verantwortlich. Das geschieht neben dem Maßnahmenplan durch ein Protokoll. Dieses wird in den Pausen, in Zeiten, in denen die Gruppen selbstständig arbeiten, und am Ende der Veranstaltung erstellt. Dabei werden die einzelnen Karten mit Klebestift dauerhaft auf dem Packpapier befestigt oder die verschiedenen Pinnwände werden laufend fotografiert, sodass der gesamte Sitzungsverlauf in einem Fotoprotokoll wiedergegeben werden kann. Je nach Dringlichkeit können die wichtigsten Ergebnisse den Teilnehmern als Fotoprotokoll (Kopie) unmittelbar nach Sitzungsende mitgegeben werden und ein geschriebenes Protokoll wird zeitversetzt nachgereicht.

Der Moderator sollte dafür sorgen, dass nichts Wichtiges unbesprochen bleibt. Auf jeden Fall muss sich die Gruppe darüber verständigen, wie mit den noch offenen Punkten umgegangen werden soll.

Nachbereitung

Durch das Feedback der Teilnehmer in der Abschlussphase haben Sie erfahren, ob deren Erwartungen erfüllt wurden und wie zufrieden sie mit den erreichten Ergebnissen sind.

Dieses Feedback sollten Sie nach Abschluss der Moderation im Sinne einer Qualitätssteigerung und -sicherung für sich selbst durch eine eigene Reflexion ergänzen.

Dabei können folgende Fragen hilfreich sein:

▸ War meine Vorbereitung ausreichend?

▸ War das Ziel richtig formuliert und wurde es erreicht?

▸ Bin ich mit dem Ergebnis zufrieden?

▸ War die Dramaturgie angemessen?

▸ Wie zufrieden bin ich mit dem Ablauf?

▸ Habe ich die Dynamik der Gruppe jederzeit erfasst?

▸ Waren die vereinbarten Spielregeln ausreichend?

▸ Waren meine Interventionen angemessen und hilfreich?

▸ Wie haben die Teilnehmer die Methode empfunden?

▸ Was könnte künftig geändert werden?

▸ Sind noch restliche Aufgaben zu erledigen

Auf den Punkt gebracht

▸ Der Gesamtverlauf wird in der Abschlussphase nochmals kurz zusammengefasst.

▸ Ein Feedback gibt allen Teilnehmern die Gelegenheit, den Grad ihrer Zufriedenheit mit dem Verlauf der Sitzung zu äußern.

▸ Eine eigene Reflexion des Sitzungsverlaufs hilft dem Moderator bei der Gestaltung künftiger Moderationen.

Fragetechnik und Visualisierung: Die Werkzeuge des Moderators

Wir haben den Moderator als „Methodenspezialisten" bezeichnet, der für den Ablauf des Gruppenprozesses verantwortlich ist. Dazu benötigt er überzeugende kommunikative Fähigkeiten. Das sind neben den Moderationstechniken (vgl. S. 39 ff.) die Fragetechnik und die Visualisierung:

▸ Fragen regen die Kommunikation an und helfen bei der Gesprächssteuerung.

▸ Durch Visualisierung werden bei einer Moderation alle wesentlichen Beiträge, Ideen und Ergebnisse festgehalten. Damit kann der inhaltliche Verlauf der Besprechung ständig verfolgt werden.

Wer fragt, der führt

Der Einsatz der Fragetechnik, insbesondere die Fähigkeit, die richtigen Fragen zu stellen, gehört zur Grundausstattung eines guten Moderators. Durch eine geschickte Fragestellung tragen Sie wesentlich zum Erfolg der Veranstaltung bei. Die Teilnehmer werden stimuliert und erhalten Denkanstöße, sodass sowohl das vorhandene Wissen und die bestehenden Erfahrungen weitergegeben als auch Meinungen und Stimmungen geäußert werden können. Richtig gestellte Fragen ermöglichen es dem Moderator,

▸ alle Teilnehmer anzusprechen und in die Diskussion einzubeziehen,

▸ das Wissen der Teilnehmer zu aktivieren,

▸ notwendige Informationen abzurufen,

▸ die Veranstaltung oder einzelne Teilprobleme zu strukturieren,

▸ Stimmungen deutlich zu machen,

▸ Entscheidungen herbeizuführen,

▸ Konsens herzustellen und

▸ schwierige Situationen zu entschärfen.

Offene und geschlossene Fragen

Nach der Art, wie eine Frage gestellt wird, werden offene (problemorientierte) und geschlossene Fragen (Ja-Nein-Fragen) unterschieden. Beide Formen werden bei der Moderation eingesetzt, aber mit sehr verschiedenen Zielsetzungen.

Offene Fragen

Offene Fragen fördern die freie Meinungsäußerung und regen die Kreativität der Teilnehmer an. Sie bringen die Befragten zum Nachdenken und ermöglichen es ihnen, sich mit dem Frageinhalt auseinanderzusetzen und ihr Wissen oder ihre Vorschläge und Meinungen einzubringen. Offene Fragen (W-Fragen) beginnen mit einem Fragewort (wer, wo, wie, was, warum, woher, wodurch, womit, wann, weshalb, wozu, wieso usw.) und verlangen ganze

Sätze als Antwort. Sie können auf keinen Fall nur mit „ja" oder „nein" beantwortet werden.

Offene Fragen

▸ *„Welche Maßnahmen schlagen Sie vor?"*

▸ *„Welche Gründe sprechen für den Vorschlag?"*

▸ *„Wie sollen wir weiter vorgehen?"*

▸ *„Mit welchen Problemen ist zu rechnen?"*

▸ *„Was sind die Hauptvorteile?"*

▸ *„Wie können wir die Kommunikation verbessern?"*

▸ *„Welche Maßnahmen haben sich besonders bewährt?"*

Für den Einsatz in einer Moderationssitzung sind besonders Fragen geeignet, durch die möglichst viele (im besten Fall alle) Teilnehmer angesprochen werden. Die Ausgangsfrage in einer Sitzung ist zumeist eine offene Frage.

Was-Fragen werden häufig gestellt, um an die Fakten zu kommen („Was ist geschehen?"). Wie-Fragen werden eher gestellt, um die zugehörigen Gefühle und Bewertungen zu erhalten („Wie konnte das geschehen?"). Vorsicht beim Einsatz des Frageworts „Warum"! Eine Warum-Frage verlangt eine Rechtfertigung und birgt die Gefahr, dass es zu Schuldzuweisungen kommt.

Fragen, die den Moderationsverlauf beeinflussen, werden visualisiert. Sie müssen während der Beantwortung für alle Teilnehmer sichtbar sein.

Geschlossene Fragen

Geschlossene Fragen beginnen mit einem Tätigkeitswort und können nur mit „ja" oder „nein" oder einer kurzen Sachaussage beantwortet werden. Sie führen nur zu begrenzten Informationen und sind deshalb nicht geeignet, wenn Sie ein möglichst breites Antwortspektrum erhalten wollen.

Geschlossene Fragen eignen sich bei einer Moderation

▸ um Zustimmung einzuholen,

„Können wir damit zum nächsten Punkt übergehen?"
„Können wir diesen Punkt damit abschließen?"

▸ als Entscheidungsfragen,

„Sollen wir für die Abteilung B ein Kopiergerät anschaffen?"
„Wollen wir dieses Thema heute noch behandeln oder auf die nächste Sitzung vertagen?"

▸ zum Nachfragen, um unklare Gesprächsbeiträge zu präzisieren.

„Habe ich Sie richtig verstanden, dass ...?"
„Wollten Sie damit sagen, dass Sie den Vorschlag ablehnen?"

Was tun, wenn Sie gefragt werden?

Neben den bisher beschriebenen Aufgabenfeldern benötigen Sie die Fragetechnik auch, um mit Fragen richtig umzugehen, die aus der Gruppe an Sie selbst gestellt werden. Dabei stehen Ihnen mit der Rückgabe- und der Nachfragetechnik zwei bewährte Instrumente zur Verfügung:

Rückgabetechnik

Mit dieser Technik können Sie reagieren, wenn aus der Gruppe etwas zur Sache gefragt wird und Sie als Moderator der Meinung sind, dass dies auch von der Gruppe selbst beantwortet werden kann. Eine eigene Antwort wäre in vielen Fällen falsch, denn Ihre Aufgabe als Moderator ist die Steuerung der Gruppe und nicht die Problemlösung. Um Unklarheit über Ihre Rolle zu vermeiden, geben Sie Fragen zum Inhalt an die Gruppe zurück.

Rückgabetechnik

▸ *Teilnehmer: „Ist diese Strategie mit unserer Unternehmensphilosophie vereinbar?" Moderator: „Herr Pohlmann fragt, ob diese Strategie mit der Philosophie unseres Unternehmens vereinbar ist? Was meinen die anderen dazu?"*

▸ *Teilnehmer: „Was meinen Sie? Besteht bei dieser Lösung nicht die Gefahr, dass unser Budget gesprengt wird?" Moderator: „Was meinen die andern zu diesen Bedenken? Würde das unser Budget übersteigen?"*

Wenn Sie glauben, dass eine Teilnehmerfrage von allen anderen verstanden wurde, dann kann sie direkt an die gesamte Runde weitergegeben werden: „Wer möchte sich zu dieser Frage äußern?"

> **!** Durch die Rückgabetechnik können Sie Ihre Neutralität in der Sache wahren, ohne den Fragesteller zu brüskieren.

Nachfragetechnik

Diese Technik benötigen Sie, um unklare oder problematische Behauptungen von Teilnehmern zu hinterfragen. Außerdem zwingen Sie die Teilnehmer durch Nachfragen zu größerer Genauigkeit. Die Nachfragetechnik können Sie einsetzen,

▸ um „Killerphrasen" abzuwehren,

> *Teilnehmer: „Das haben wir schon mehrfach erfolglos versucht." Moderator: „Wieso hatten wir keinen Erfolg?" oder „Was glauben Sie, woran frühere Versuche gescheitert sind?"*

▸ um Blockaden zu überwinden,

> *Teilnehmer: „Das geht nicht!" Moderator: „Was meinen Sie mit ‚das geht nicht'?" oder „Wie könnte es den gehen?" oder „Was muss geschehen, damit es geht?"*

▸ um unklare Aussagen präzisieren zu lassen,

> *Teilnehmer: „Das ist keine saubere Lösung". Moderator: „Weshalb ist das keine saubere Lösung?" oder „Wie könnte denn eine saubere Lösung aussehen?"*

▸ um Verallgemeinerung zu relativieren,

Teilnehmer: „Bei dieser Lösung spielt der Verkauf nicht mit." Moderator: „Weshalb spielt der Verkauf bei dieser Lösung nicht mit?" oder „Wobei spielt der Verkauf nicht mit?"

▸ um Unterstellungen aufzudecken.

Teilnehmer: „Da geht der Meyer niemals drauf ein". Moderator: „Weshalb glauben Sie, dass Herr Meyer darauf nicht eingeht?" oder „Was müssten wir tun, damit Herr Meyer darauf eingeht?" oder „Weshalb sind Sie so sicher, dass Herr Meyer darauf nicht eingeht?"

Nutzen Sie die Nachfragetechnik, um schwierige Gesprächssituationen zu überwinden und eine konstruktive Arbeit der Gruppe sicherzustellen.

Das sollten Sie beachten

Gute Fragen wecken Neugier auf Antworten. Außerdem ist eine gut formulierte Frage selbsterklärend, ist also ohne weitere Erläuterung verständlich. Folgende Regeln sollten Sie beachten:

▸ Formulieren Sie die Fragen kurz, klar und in der Sprache der Teilnehmer.

▸ Fragen Sie freundlich, bleiben Sie sachlich und werden Sie nie persönlich.

‣ Formulieren Sie Ihre Fragen positiv

> **Nicht:** *„Was soll vermieden werden?"*
> **Sondern:** *„Was soll geschehen …?"*

‣ Formulieren Sie Ihre Fragen so, dass alle Teilnehmer angesprochen werden.

‣ Knüpfen Sie mit Ihren Fragen an den Erfahrungs- und Wissensstand der Teilnehmer an.

‣ Vermeiden Sie Doppelfragen.

‣ Geben Sie Fragen aus der Gruppe grundsätzlich wieder an die Gruppe zurück (oder, falls ein Experte anwesend ist, an diesen).

Diese Frageformen sollten Sie vermeiden

Über die bereits besprochenen Fragenformen hinaus gibt es zahlreiche weitere Fragearten. Nicht alle sind für eine Moderation geeignet. Vermeiden Sie Suggestiv-, provozierende, rhetorische und Alternativfragen sowie komplizierte und unklare Formulierungen.

Suggestivfragen

Suggestivfragen sind geschlossene Fragen, die bereits eine Meinung beinhalten und erreichen sollen, dass sich die Befragten dieser Meinung anschließen. Die Beeinflussung erfolgt oft durch Wörter wie „auch", „doch", „sicherlich", „ebenfalls" usw. Solche Fragen können das Gesprächsklima nachhaltig schädigen. Wegen ihres manipulierenden

Charakters stoßen sie auf Ablehnung. Bei einer Moderation sollten sie vermieden werden, denn es geht nicht darum, die Meinung des Moderators zu bestätigen, sondern darum, durch die Fragestellung neue Gedanken zu entwickeln.

Suggestivfragen

▸ *„Sie sind doch auch der Meinung, dass …?"*

▸ *„Sie geben mir doch sicherlich recht, wenn ich behaupte, dass …?"*

▸ *„Es macht Ihnen doch bestimmt nichts aus, wenn …?"*

Provozierende Fragen

Provozierende Fragen sollen die Gesprächspartner aus der Reserve locken und damit die Diskussion in Gang bringen. Sie werden auch benutzt, um das Gegenüber zur Preisgabe von Informationen zu veranlassen, die er sonst möglicherweise zurückgehalten hätte. Auch diese Frageform sollten Sie bei einer Moderation vermeiden.

Provozierende Fragen

▸ *„Haben Sie schon einmal versucht, die Kenntnisse aus dem Gesprächsführungsseminar praktisch umzusetzen?"*

▸ *„Können Sie das Wort „Unternehmensphilosophie" überhaupt schreiben?"*

Rhetorische Fragen

Rhetorische Fragen erwarten von vornherein keine Antwort. Sie beantworten sich von selbst oder werden allenfalls vom Fragenden beantwortet. Bei einer Moderation sollte auf rhetorische Fragen verzichtet werden, da sie nur für Verwirrung sorgen.

Alternativfragen

Alternativfragen (Entscheidungsfragen) sind geschlossene Fragen. Sie lassen den Befragten lediglich die Wahl zwischen den vorgegebenen Antwortalternativen. Bei der Moderation ist diese Frageform weniger geeignet, da sie inhaltlich nicht weiterführt. Sie kann allenfalls eingesetzt werden, wenn mit einer Punktabfrage eine Entscheidung getroffen werden soll.

Alternativfragen

▸ *„Sollen wir Thema A oder B oder C zuerst behandeln?"*

▸ *„Sollen wir dieses Thema sofort behandeln oder erst nach der Pause?"*

Auf den Punkt gebracht

Nutzen Sie die Fragetechnik, um den Gruppenprozess vorwärtszubringen und den Teilnehmern Denkanstöße zu vermitteln. Verwenden Sie vorwiegend offene Fragen. Wahren Sie Ihre neutrale Rolle und geben Sie Fragen aus dem Teilnehmerkreis wieder an diesen zurück. Sorgen Sie durch Nachfragen für Genauigkeit und Klarheit bei problematischen und unklaren Fragen. Und vermeiden Sie Suggestivfragen!

Pinnwand und Flipchart: So halten Sie alle auf dem Laufenden

„Visualisierung" wird als Sammelbegriff für alle Formen der optischen Darstellung von Informationen verwendet. In den meisten Kommunikationsprozessen nutzen wir nur einen unserer fünf Sinne: die Ohren. Durch Visualisierung wird das gesprochene Wort durch optische Reize ergänzt.

Die Teilnehmer hören, was gesagt wird, und nehmen zusätzlich die schriftliche Darstellung wahr. Sie können dadurch dem Gesprächsverlauf besser folgen und ihn auch später noch nachvollziehen. Aufmerksamkeit und Konzentration steigen; Zusammenhänge werden deutlich, die Wiederholung einzelner Argumente wird überflüssig und die Behaltensquote erheblich gesteigert. Wissenschaftliche Untersuchungen belegen, dass in visualisierten Besprechungen häufiger konkrete Ergebnisse erzielt werden und dass die Dauer der Sitzungen um ca. 30 % sinkt.

Visualisierung bei der Moderation

Die systematische Visualisierung ist ein unverzichtbarer Baustein der Moderationsmethode. Während bei der herkömmlichen Besprechung die Visualisierung eher selten zur Anwendung kommt, ist sie bei der Moderationsmethode die Regel – hier wird sozusagen „schriftlich diskutiert".

Die Visualisierung wird in allen Phasen einer Moderation eingesetzt. Die meisten Moderationstechniken wären ohne Visualisierung nicht anwendbar.

Bei einer perfekten Moderation hat der Moderator schon zu Beginn der Sitzung einige Plakate vorbereitet:

▶ Themen und Zielsetzungen werden visualisiert und bleiben während der gesamten Sitzung sichtbar.

▶ Die Gliederung/Arbeitsschritte werden visualisiert.

▶ Erste Übungen zum Einstieg (z. B. eine Erwartungsabfrage oder ein Gruppenspiegel – vgl. S. 69 f.) werden schriftlich fixiert.

Diese Vorteile hat eine konsequente Visualisierung

▶ Durch Visualisierung werden die gestellten Fragen konkreter diskutiert. Alle Teilnehmer konzentrieren sich auf denselben Punkt.

▶ Einzelne Informationen und Meinungen werden nicht vergessen oder überhört.

▶ Jeder Beitrag bleibt erhalten und kann weiterbearbeitet werden.

▶ Schriftliche Aussagen sind überlegter, besser auszuwerten und leichter zu strukturieren.

▶ Ergebnisse werden durch die Visualisierung für alle sofort sichtbar, komplexe Inhalte verständlicher.

▶ Schwierige Sachverhalte lassen sich mit optischer Unterstützung leichter darstellen als nur verbal. Ein Bild sagt bekanntlich mehr als tausend Worte.

▶ Die Teilnehmer lassen sich leichter auf denselben Informationsstand bringen.

▸ Das Aufschreiben fördert ein strukturiertes und planmä-
   ßiges Vorgehen.

▸ Schriftliche Aussagen sind kurz gefasst, sodass die Aufnahmekapazität der Teilnehmer nicht überfordert wird.
   Die Visualisierung zwingt, Wesentliches von Unwesentli-
   chem zu unterscheiden. Wer etwas in wenigen Worten
   darlegen muss, ist gezwungen, präzise zu formulieren.

▸ Hierarchiebedingte Dominanzen werden verhindert.

▸ Person und Aussage werden getrennt, wodurch z. B.
   Beiträge von Meinungsführern keinen höheren Stellen-
   wert erhalten.

*Die Marketingabteilung trifft sich jeden ersten Freitag im
Monat zur Abteilungsbesprechung. Bei einer Kartenabfrage
(vgl. S. 43) haben die Beiträge des Vorgesetzten kein größe-
res Gewicht als die Beiträge des erstmals teilnehmenden
Praktikanten.*

▸ Persönliche Angriffe sind bei einer schriftlichen Kommunikation mit Stichwörtern nur schwer möglich.

▸ Der Sachbezug dominiert. Beziehungs- und Sachebene
   vermischen sich nicht so leicht.

▸ Die Anforderungen an das Gedächtnis werden verrin-
   gert. Der Gesprächsverlauf wird nachvollziehbar.

▸ Schwerpunkte werden besser erkennbar. Zustimmung,
   Ablehnungen und Häufungen werden sichtbar.

▸ Gegenteilige Meinungen lassen sich sofort verdeutlichen, zum Beispiel mittels eines Blitzes. Kontroversen
   können sofort bearbeitet werden.

▶ Die Visualisierung der Wortbeiträge führt dazu, dass die Teilnehmer sich mit den Ergebnissen besser identifizieren. Sie konnten sich einbringen, ihre Meinung wurde notiert und trug mit zum Ergebnis bei.

▶ Der rote Faden, die Gliederung ist sichtbar.

▶ Aufnahmekapazität und Konzentration werden erhöht.

▶ Meinungsvielfalt und Wissensbreite werden immer sichtbar.

▶ Die Bereitschaft, sich zu äußern, steigt.

▶ Es kommt zu weniger Wiederholungen, weniger Rechtfertigungen und weniger Selbstdarstellung.

Welche Medien werden bei einer Moderation gebraucht?

Pinnwände und die zugehörigen Arbeitsmaterialien sind typisch für die Moderationsmethode. Daneben werden Flipcharts und der Overheadprojektor (OHP) und/oder Beamer verwendet.

Flipchart

Das Flipchart besteht aus einem Ständer, auf dem ein Papierblock im DIN-A0-Format (ca. 70 × 100 cm) befestigt und mit Filzstift beschrieben wird. Es eignet sich zum Festhalten von während der Sitzung dauerhaft wichtigen Informationen. Das können Spielregeln, eine Tagesordnung, aber auch während des Moderationsprozesses entstandene Listen sein. Auch Mehrfeldertafeln können mithilfe des

Flipcharts erstellt werden. Die beschriebenen Blätter können vom Flipchart abgenommen und während der weiteren Arbeitssitzung gut sichtbar aufgehängt werden. Die Arbeitsfläche des Flipcharts ist kleiner als die einer Pinnwand, sie kann aber durch Verwendung von Klebespray (FCKW-frei) zur Mini-Pinnwand umfunktioniert werden. Eine solche Lösung eignet sich bei Platzmangel oder bei der Arbeit in kleinen Gruppen am runden Tisch.

Das Flipchart hat den Nachteil, dass Sie beim Anschreiben den Zuhörern den Rücken zuwenden müssen. Stellen Sie sich deshalb so hin, dass die Schreibfläche nicht völlig verdeckt wird. Drehen Sie sich häufiger einmal um und stellen den Blickkontakt zum Publikum wieder her. Beachten Sie auch folgende Empfehlungen:

▸ Schreiben Sie leserlich und groß genug. Orientieren Sie die Schriftgröße an dem Teilnehmer, der am weitesten von Ihnen entfernt sitzt. (Von diesem Platz aus muss die Schrift so groß sein wie eine ausgestreckte Hand.)

▸ Schätzen Sie vorher den Platzbedarf ab und machen Sie für die vorhersehbaren Darstellungen einen Entwurf.

▸ Verwenden Sie kariertes Papier – das ist leichter zu beschreiben als Blätter ohne Struktur.

▸ Kommentieren Sie vorbereitete Niederschriften (z. B. die Spielregeln). Es reicht nicht aus, eine vollgeschriebene Flipchartseite aufzuklappen und die Zuhörer sich selbst zu überlassen. Es ist auch zu wenig, die Aufzeichnungen nur vorzulesen. Nur ein Kommentar jedes einzelnen Punkts stellt sicher, dass die Zuhörer die verschiedenen Gedanken richtig verstehen und sich einprägen.

Overheadprojektor und Beamer

Der Overheadprojektor (OHP) und seine zeitgemäßen Wei-
terentwicklungen Notebook mit Beamer haben in der Moderation nur geringe Bedeutung. Sie werden zumeist nur
bei der Präsentation von komplexen Darstellungen eingesetzt, die bereits vorbereitet sind und an einer bestimmten
Stelle im Ablauf erscheinen sollen.

OHP und Beamer haben den Nachteil, dass immer nur eine
Darstellung sichtbar ist. Bei der Erarbeitung von Ideen und
Problemlösungsvorschlägen werden sie nicht verwendet.

Pinnwand

Pinnwände sind das typische Medium der Moderationsmethode, weshalb in der Praxis auch oft von der „Pinnwand-
methode" gesprochen wird. Pinnwände, Karten, Stifte und
Klebepunkte ermöglichen das schnelle Zusammentragen
und Bearbeiten von Meinungen, Ideen und Vorschlägen.
Sie eignen sich besonders zur Gestaltung von Meinungs-
und Willensbildungsprozessen.

Die Pinnwand ist eine Stecktafel aus Kork, Hartschaum
oder einem anderen weichen Material im Format von etwa
150 × 120 cm. Zum Schutz vor Bemalung werden auf die
Pinnwand spezielle Packpapierbogen gespannt, auf denen
geschrieben werden kann. Außerdem können Karten in
verschiedenen Formaten und Farben mit Nadeln angeheftet („angepinnt") werden.

Um eine versehentliche Beschriftung der Pinnwände zu
vermeiden, sollte niemals ohne Packpapier gearbeitet werden. Das Packpapier wird so auf die Pinnwand gespannt,

dass zur oberen Kante zwei bis drei Zentimeter Freiraum bleiben, um die Pinnnadeln einzustecken.

Die Pinnwand wird entweder wie das Flipchart verwendet, z. B. zur Präsentation vorbereiteter Darstellungen, oder zusammen mit den verschiedenen Kartenarten zur schrittweisen Abbildung und Entwicklung von Inhalten, Strukturen oder Abläufen. Dabei wird die Anschaulichkeit einer Pinnwanddarstellung durch die unterschiedlichen Kartenfarben und -formate (Rechtecke, Kreise, Ellipsen) erhöht. Durch Umstecken, Hinzufügen oder Wegnehmen einzelner Karten kann die auf der Pinnwand abgebildete Struktur ständig verändert werden.

Zum Beschriften werden Markierungsstifte in zwei Schriftgrößen verwendet:

▸ Der dicke Stift mit einer Strichbreite von ca. 10 mm (Markierstift) ist das Handwerkszeug des Moderators. Damit werden Überschriften, Betonungen, Linien, Umrahmungen (z. B. beim Clustern) und Pfeile geschrieben.

▸ Die dünneren Stifte mit einer Strichbreite von ca. 2– 6 mm sind die Hauptschreibstifte. Damit werden Texte geschrieben, wenn die Pinnwand wie ein Flipchart benutzt wird. Außerdem werden auch die Karten mit dünnen Stiften beschriftet. Achten Sie bei Kartenabfragen darauf, dass die benutzten Schreibstifte alle dieselbe Farbe haben, damit nicht über die Farbe auf die Kartenschreiber geschlossen werden kann.

Für den optimalen Pinnwandeinsatz gelten folgende Regeln:

▸ Verwenden Sie Groß- und Kleinbuchstaben. Kleinbuchstaben sind durch ihre unterschiedlichen Ober- und Unterlängen für das Auge leichter zu unterscheiden.

▸ Schreiben Sie immer in Druckschrift und halten Sie auch die Teilnehmer dazu an. Druckschrift ist leichter zu lesen als Schreibschrift und kann den einzelnen Personen nicht so leicht zugeordnet werden, sodass die Anonymität gewahrt bleibt.

▸ Schreiben Sie nur Stichworte auf, keine ganzen Sätze.

▸ Verwenden Sie Symbole und Abkürzungen nur, wenn diese allen Teilnehmern bekannt sind.

▸ Bilden Sie Blöcke, da diese vom Auge besser erfasst werden können als Schriftzeilen, die über die ganze Plakatbreite gehen. Dadurch können Zusammenhänge leichter erkannt werden.

▸ Notieren Sie nur eine Frage (ein Thema) je Plakat.

Tipps zur Visualisierung

Für die Beschriftung der Moderationskarten gelten folgende Regeln:

▸ Schreiben Sie jeden neuen Gedanken auf ein eigenes Kärtchen. Nur so können Sie die Kärtchen umsortieren.

▸ Verwenden Sie pro Kärtchen höchstens sieben Wörter oder drei Zeilen.

▸ Schreiben Sie groß genug; nutzen Sie die gesamte Kartengröße.

▸ Achten Sie darauf, dass Karten gleicher Farben und Form die gleiche Funktion haben.

Die vorstehenden Regeln sind keine Pedanterie des Autors. Die Arbeit mit der Pinnwand wird erleichtert und Missverständnisse werden vermieden, wenn alle Karten lesbar sind oder die richtigen Formen verwendet werden.

Bereiten Sie zur Demonstration der Methode eine Pinnwand mit einem Beispiel vor, bei dem alle Regeln berücksichtigt sind. Dann können Sie bei der Einführung in die Methode auf dieses Beispiel verweisen.

Elemente der Visualisierung

Die verschiedenen Kartenarten sind bestimmten Aufgaben zugeordnet. Die Moderationskarte ist Ihr Hauptarbeitsinstrument in einer Moderation: Auf ihr werden alle Diskussionsbeiträge und Inhalte vermerkt. Wichtig ist, immer die gleichen Farben von Karten für die gleichen Schritte einzusetzen.

Einsatz verschiedener Kartenarten	
Moderationskarte (Kommentarkarte) 10 × 21 cm	▸ für erarbeitete Inhalte (Sachantworten), z. B. bei Kartenabfragen ▸ zur Präsentation der Ergebnisse von Kleingruppenarbeiten
Lange Streifen (Thesenkarte) 10 × 55 cm	▸ Benennung von Arbeitsfragen oder Arbeitsschritten ▸ Benennung einer Punktabfrage
Wolken	▸ Visualisierung des Hauptthemas ▸ Überschriften
Ovale Karten 11 × 19 cm	▸ Kommentare und Ergänzungen der Moderationskarten (z. B. bei unterschiedlichen Meinungen) ▸ emotionale Aussagen ▸ Bezeichnung von Koordinatenachsen ▸ Festhalten von Gegenargumenten
Große runde Karten, Ø 20 cm	▸ Oberbegriffe, wenn zusammengehörige Karten geordnet werden (Umstrukturierung) ▸ Clusterüberschriften ▸ bei Präsentationen
Kleine runde Karten, Ø 10 cm	▸ Seitennummerierung ▸ Clusternummerierung

Bevorzugen Sie helle Karten, da die Schrift darauf besser lesbar ist.

Auf den Punkt gebracht

▸ Bei einer Moderation werden alle wesentlichen Beiträge visualisiert.

▸ Visualisierung führt zu einer Trennung von Person und Aussage. Die hierarchisch bedingte Dominanz einzelner Teilnehmer wird dadurch verhindert.

▸ Durch Visualisierung werden Schwerpunkte leichter erkennbar.

▸ Pinnwände und die zugehörigen Materialen sind das wichtigste Visualisierungsinstrument des Moderators.

Literatur- und Quellenverzeichnis

- Edmüller, A./T. Wilhelm: Moderation, 3. Aufl., Planegg 2005.

- Haberzettl, M./T. Birkhahn: Moderation und Training, München 2003.

- Hartmann, M./M. Rieger/A. Auert: Zielgerichtet moderieren, 4. Aufl., Weinheim – Basel – Berlin 2003.

- Klebert, K./E. Schrader/W. G. Straub: Moderations-Methode, Hamburg 2006.

- Neuland, M.: Neuland-Moderation, 5. Aufl., Bonn 2003.

- Schilling, G.: Moderation von Gruppen, Berlin 2005.

- Schulz von Thun, F.: Miteinander reden, 3 Bände, Hamburg 2006.

- Seifert, J. W.: Besprechungen erfolgreich moderieren, 10. Aufl., Offenbach 2006.

- Seifert, J. W.: Visualisieren Präsentieren Moderieren, 18. Aufl., Offenbach 2002.

- Sperling, J. B./U. Stapelfeldt: Moderation, Freiburg 2003.

Der Autor

Dr. Wolfgang Mentzel ist Professor für Betriebswirtschafts-
lehre mit den Schwerpunkten Personalwirtschaft und
Kommunikation. Neben seiner Lehrtätigkeit an verschiedenen Hochschulen führt er seit über 25 Jahren Seminare für
Unternehmen und Verbände durch. Er ist Autor zahlreicher
Veröffentlichungen aus dem Personal- und Kommunika-
tionsbereich, von denen einige in verschiedene Sprachen
übersetzt wurden.

Impressum:

Verlag C. H. Beck im Internet: www.beck.de
ISBN: 978-3-406-57803-8
© 2008 Verlag C. H. Beck oHG
Wilhelmstraße 9, 80801 München

Lektorat und DTP: Text+Design Jutta Cram, 86157 Augsburg,
www.textplusdesign.de
Umschlaggestaltung: Bureau Parapluie, 85253 Großberghofen
Umschlagbild: © Ben Blankenburg – iStockphoto.com
Druck und Bindung: Druckerei C. H. Beck, Nördlingen
(Adresse wie Verlag)

Gedruckt auf säurefreiem, alterungsbeständigem Papier
(hergestellt aus chlorfrei gebleichtem Zellstoff)